无知

[澳] 迈克・詹姆斯・史密斯（Michael James Smithson）
[澳] 加布里尔・巴默（Gabriele Bammer） 著
教育无边界字幕组 译

北京联合出版公司
Beijing United Publishing Co.,Ltd.

图书在版编目（CIP）数据

无知 /（澳）迈克·詹姆斯·史密斯，（澳）加布里尔·巴默著；教育无边界字幕组译 . -- 北京：北京联合出版公司 . 2020.6

ISBN 978-7-5596-4190-8

Ⅰ . ①无… Ⅱ . ①迈… ②加… ③教… Ⅲ . ①思维形式 Ⅳ . ① B804

中国版本图书馆 CIP 数据核字（2020）第 061455 号

北京市版权局著作权合同登记号　图字：01-2020-3229

Ignorance by Michael James Smithson

with an additional section on Ignorance and Complex Problems by Gabriele Bammer

无知

作　　者：［澳］迈克·詹姆斯·史密斯，［澳］加布里尔·巴默

译　　者：教育无边界字幕组

责任编辑：孙志文

北京联合出版公司出版

（北京市西城区德外大街83号楼9层　100088）

三河市冀华印务有限公司印刷　新华书店经销

字数268千　700毫米 × 980毫米　1/16　21.75印张

2020年6月第1版　2020年6月第1次印刷

ISBN 978-7-5596-4190-8

定价：55.00元

序言

这是一本关于无知（ignorance）的书，它基于澳大利亚国立大学在edX平台上提供的大规模在线开放课程（MOOC）而成。课程持续八周，本书就以八个章节呈现了来自MOOC视频课程中的材料。

我们为什么写这本书

我们为什么要做一门关于无知的MOOC课程，写一本关于无知的书呢？这一主题的意义何在？事实上它与每个人都息息相关。无论是在工作还是游戏中，无知与每个学科和职业以及日常生活都有关系。不管你的研究或工作是关于哪个领域，学习无知都会对你有好处。

无知来自哪里？我们如何将它强加于他人，甚至施加给我们自己？为什么我们要这么做？我们通常认为无知是一件坏事，但是在什么情况下，对某件事保持无知反而是更好的呢？无知可能是美德吗？无知何时对我们来说是有利或有害的？人们可以利用无知来做什么？在社会互动、群体关系、制度和法律中，无知又扮演着什么角色呢？我们如何利用无知来学习、发现、创造？当我们缺乏相关信息时，我们如何才能做出有效的决策？我们将在本书的八个章节中，探讨这些以及其他关于无知的问题。

你能从这本书中学到什么

第一，学习思考无知和相关概念的有效方式。从人们的所思所想与所作所为中，我们会发现多种类型的无知。在第一章，我们会系统地讨论这些不同类型的无知；在第四章，我们会关注特定类型的无知，以及人们是如何看待和应对它们的。人们对不同类型的无知做出不同的反应，人类的大脑也以不同的方式处理这些关于无知的信息。

第二，了解我们的无知来自哪里。无知是由我们生活的复杂世界强加给我们的，但它也是由包括我们在内的全体人类所创造的。在第二章，你将了解人们为什么不想知道某些事情，为什么要将无知施加给他人；在第三章，我们的重点转移到社会和文化领域，你将了解社会价值观和制度是如何塑造无知的。

第三，探索无知何时对我们来说是有利或有害的，以及为什么如此——这是第五章的主题。在这一章，你会发现，在有些条件下，寻求更多的知识注定徒劳无功，在某些情况下，无知是有益的。我们还揭示了一个事实，即重要的社会资本实际上依赖于无知，比如，法律规定的无知协议。

第四，学习有效应对无知的策略。我们在第六、第七和第八章中将探讨这个主题。从第六章开始，我们通过访问环境科学、政治和流行病学等领域的专家，来了解他们如何在他们的领域中利用未知因素和无知；在第七章，我们研究了在无知状态下有效决策的标准和策略；最后，在第八章，我们提出了管理和应对无知的方法。

每章都包含一部分内容，将该章的信息和知识应用于复杂问题，这些问题包括如何应对气候变化或管理国民经济。这些内容为你提供了案例，指导你如何将每章的概念以实际的方式，应用于本质上难以解决甚至不可能解决但又必须要面对的问题之上。

另外，在每一章的结尾，你都会看到加布里尔教授（本书作者之一）专注于复杂问题的某个方面，并进行深入的解读，还会回顾迈克（本书另外一名作者）对它的讨论。比如，在第二章我们关注合作，加布里尔教授会提到一些关于合作的问题，然后再回顾迈克的理论，这样我们会更清楚地了解它们是如何帮助我们更好地合作的。

最后，你从这本书中学习无知的好处会是什么？在个人层面上，它可以拓宽你对于无知的理解。无知是什么，它来自何处，它的表现形式的多样性，它的用途，以及它的积极和消极后果。总体来说，你对无知的理解会变得更广泛，更深入，更平衡。这本书还为你准备了处理无知的策略，以及在无知下做决策的标准。这将帮助你更有效地处理未知和意想不到的事情。我们希望你能把这本书中的概念和思想应用到你自己生活中出现的麻烦和问题之上。

目录
CONTENTS

01 无知是什么

02 无知的起源

03

无知的来源

04

有不同类型的无知吗

05

无知何时是好，何时是坏

06

不同领域是如何处理未知的

IGNORANCE

01

无知是什么

我们比我们以为的更无知

大多数时候，我们绝大多数人都会高估自己的知识量，即使只用常识来界定什么是真正的知识也是这样。我承认，加布里尔和我自己也是如此。但如果我们想要了解无知，对自己的无知有所了解大概算是个不错的开始。我们不仅仅要提及那些我们觉得自己了解、最后却证实并非如此的事物，事实上，我们还要以那些我们认为是正确的事作为开端，简单一点的，比如，地球不是平的。

我问过班里的学生多少人知道地球是个球体，几乎所有人都举了手。然后我又问有多少人可以证明这件事，或者能够提供合理的论证，经受住哪怕是一个温和的怀疑者的质疑。几乎所有的手都放下了。

就像我们一样，他们大多数人从可信任的来源获取信息。的确，我们认为自己所了解的大多数事情，都是读来的或是别人告诉我们的，而那些人亦然。因此我们通常所说的“知识”甚至都不只是二手的。它已经被传递了多次，远远脱离了我们的直接体验。

这就与我们由第一手经验获得的知识之间产生了差异，并形成了一种错觉，即我们可以理解被传递的信息，并能够根据支撑的证据和论证追本溯源。我们认为自己所知的大量内容其实是“被社会建构的”，也就是说来自父母、学校、媒体等。不只是谣言或者传说，事实上还有很多我们视为常识的内容。

为什么我们真正知道的比自认为知道的少得多呢

第一个原因是，亲自去查明每件事是根本不可能的。我们没有足够的时间、脑力以及其他的可用资源。再说，第一手的发现是有风险的，间接地学习什么是有危害的总比自己去发现安全得多。一些调查也会带来社会风险，比如，可能会冒犯某些文化禁忌或重要的人。大多数人并不知道他们的教授或老板声称其所具有的资格是否属实，询问或查看他们的学位或是证书可能有极大的风险。

第二个原因是，我们具有填补空缺的倾向，无论是追溯过去还是诠释当下。想象一下这个场景，一个朋友指向他正在吃的那碗食物，并说“这东西太hot （辣/烫）了”。如果我们是在印度餐厅吃咖喱，我会明白他指的是辣。而如果我们是在俄罗斯餐厅享用小馅饼，我则明白他说的是食物烫。无论在哪种情境下我都觉得自己清楚朋友的意思，但从严格意义上说并不是这样。

第三个原因是后见之明偏误（hindsight bias）。我们沟通中出现的大量我们自认为的“理解”都基于上面的推论和解释，有趣的是记忆也是用类似的方式构建的。我们只有真实记忆的碎片，然后我们会把空白处填补起来，创造出一段听上去连贯真实的故事。

“我知道她会升职。”

“我一直觉得这匹马肯定不会赢。”

……

后见之明偏误是一种当预测成真后，高估自己“一直都知道”的倾向。心理学对此已经做了大量研究。论证后见之明的典型心理学实验，要求人们对一项事物做出预测，之后再回忆他们对自己的预测有多大信心。当人们预测的事情真正发生时，他们回忆里的自己，要比预测失误时自信得多。保罗·古德温（Paul Goodwin）也曾指出后见之明的一个缺点，即它使我们对自己的预测能力过度自信。

第四个原因是，我们都受制于对自己的判断和预测过度自信这一倾向。如果我们需要对一个未知数量做出上限和下限预测，比如，一架波音767飞机的重量，而且我们给出的上下限数值，要有90%的概率包含正确答案。结果是我们给出的判断中包括正确答案的概率是40%~50%，换句话说，我们给出的区间都太窄了。

奇怪的是，我们倾向于对那些知之甚少或是难以评估的领域过度自信。不仅我们如此，专家在其专业领域内做判断时，也不可避免地过度自信。和波音767的例子一样，当业务经理在他们的专业领域，比如，预测他们自己行业的盈利时，被要求给出数额的上下区间，而且数额的准确性要在90%，结果证明他们的正确率只有38%~58%，而非90%。

第五个原因是，使我们误解自己所知多少的罪魁祸首，就是自身大脑的运作。在心理学历史上有关内省的研究几经波折，现在大量的认知心理学家，把它当作无用且不可靠的心理活动的数据来源。该领域中的经典论文是理查德·尼斯贝特（Richard Nisbett）和提摩西·威尔森（Timothy Wilson）在1977年的研究，其结论是人们不能准确描述其心理活动以及一项心理活动是否发生过。

威尔森和尼斯贝特发现，我们有强大的动机让我们认识不到我们的无知。他们指出人们更愿意相信自己了解自己的想法，这是一种天性。想到我们并不比自己的熟人更了解自己的大脑运作，真是可怕。

我们已经在不止一个方面发现我们比我们认为的更无知，但这又如何呢?

我们必须先依赖众多并非来源于亲身经历的知识，这使我们更难意识到知识的更新。曾经每个人都“知道”世界是平的，或者太阳围着地球转，这一“知识”的更新用了很长的一段时间。

倚赖他人的知识的另一个后果是，我们很容易被有说服力的人蒙蔽。其结果是我们对于某些权威的意见或大多数人的意见的重视程度，和我们自己的亲身经历几乎相同，有时甚至要更重。

另外，我们填补空缺的倾向经常会导致沟通障碍。我们都可以从自身经历中找到例子。最后，如果意识不到我们思考中的种种偏见，我们将会陷入其中。我确信我们可以在自己的判断和预测经历中，找到后见之明偏误和过度自信的例子。

然而不必为此忧愁，毕竟几乎我们所有人都能够顺利度过人生旅程。

本章将探讨无知是什么，它如何出现又如何被消除，在何时何地无知是件好事，以及我们该如何处理自己与他人的无知。在这一过程中，我们将检验无知与决策、社会互动，甚至是社会制度和经济之间的联系。我们将探讨无知何时有利或不利，也将了解击败无知看上去似乎很难。这个概念是复杂而难以掌控的，一不留神就会落入陷阱。在下节，我们将对无知的复杂性有所体会，并会考察关于无知的各种隐喻。

我们如何看待无知

诗人罗伯特·弗罗斯特（Robert Frost）曾说："隐喻是一切思维的总和。"隐喻看上去并不难理解，却是人类思想的最深邃之处。我们对于无知、未知状态、歧义、含糊这一类事物使用的隐喻都很有趣。因为几乎所有关于无知的隐喻都会以不同的方式来表现负面色彩，似乎我们有一个文化或社会共识，即无知是件坏事。

无论是通过发现新事物来克服它，使其消失，还是干脆摒弃它甚至否认它的存在，我们都要摆脱它。我认为这反映出一个盲点，它至少存在于西方智育文化中。而事实上，我们需要无知和未知。因为如我们所见，它们实际上也有用处。

从多种角度思考无知

无知有许多种隐喻。我们可以从几种感官的角度思考无知：视觉、触觉、嗅觉、味觉及听觉。蒙者昧，知者明，无知使我们陷入黑暗。蒙昧无知总给人朦胧隐约、暧昧混沌之感。思想可以被感觉到，不成熟的思想是粗糙的，而完整成熟的思想则透亮光滑。

我们还可以借助航行、采集和狩猎等行为来思考无知。学习和发现是一场旅程。了解和发现事物，学习它们，就是开始了一段旅程，并最终会收获知识。之前获得的知识能照亮我们的路途，无知则掩蔽了它。

受人欢迎的知识是饲料和猎物，我们可以获取或诱捕它，但真理难以捉摸，它会从我们手中溜走，一不留神，便无迹可寻。我们可以将真理当作目标并专注于它，而错误或糟糕的想法则不得其所，或是差之毫厘，失之千里。

无知与知识有着自己的“地理学”。“荒凉的边境”是对已知与未知界线的一个流行的隐喻。无知是未被征服的领土，学习和发现则是扩张边境，开疆拓土，缩小无知的领域。最后，无知会完全被新知识、新信息所攻克。另一个通俗的隐喻是，未知犹如海洋。知识是无知之海中的一个岛屿，岛屿越大，我们所知越多，而我们已知的区域与未知的海洋之间的边界也越长。

我们还可以将无知看作知识中的漏洞或缺口，这些漏洞就是我们的知识结构中不被了解的部分。

我们还可以用金融术语来形容无知，思想和知识是资源，事实上，它们时常被当作货币来交易。我们会说“知识的财富”，但错误的思想和无知则一文不值，无知等同于贫困和匮乏。

我们还会发现其他关于无知的隐喻的来源，比如，权力、暴政、不平等、性与生育、情感。这些都很有意义，并且我们会发现，几乎所有这些隐喻也都是负面的。

我们从哪里能找到关于无知的正面隐喻呢？等一下，我将给你们一点线索。

假如，我站在公园里，看看天空，看看白云，然后喋喋不休地和朋友谈论着什么。另一边，你看见我在办公室里，坐在办公桌前处理事务。你看到的这两个我有什么区别？显然，在公园里我更自由，就是这样。

自由是一个关于无知的正面性质的词汇。我在室外的行为说明，我能够更自由地走动，自由地说话、打手势，诸如此类。

如果在你的生命里没有未知，如果一切都是事先注定，那么你就没有选择，也没有自由了。一旦我们有了一个像“自由”这样正面的词来形容无知，就不难想到正面的隐喻。毕竟自由意味着天空、飞翔。我们会说“像鸟儿一样自由”，我们能像鸟儿一样自由，并在未知中，在生命的奥秘和惊喜中狂欢。自由意味着开阔的天地，有活动的空间、自由的空间。无知和未知给予我们空间去活动，并赋予我们开阔的眼界。无知也像自由一样，不被束缚，不被约束。它们能够解放我们，把我们从常规和传统中释放出来，让我们能够以全新的视角观察世界。

本节的主要目的是说明我们对于无知的看法有多么负面，并通过一些常见的隐喻证明这点。不过，我同时还讲到无知也有益、有用。我们需要注意到这一点，这样就可以使之成为我们的优势。

对无知的有效思考

既然已经了解了大众对“无知”的普遍看法，接下来就让我们一起探讨如何对其进行更有效的思考。

首先可以发现，当谈及无知时，我们尚且要斟酌我们的用词，更别提不偏不倚地处理这个概念了。我们可以直接谈论知道的某件事，但对于不知道的某事，这样做就行不通。我们能直接说知道某事。例如，我们可以说“艾莉森（Alison）知道2+2=4”（Alison knows that 2+2 equals 4），也可以说“艾莉森懂算术”（Alison knows arithmetic）。但如果我们想要在谈论无知的同时，保留主动语态，就不得不采用否定句式，如“艾莉森不知道2+2=4”（Alison doesn’t know that 2+2 equals 4），或“艾莉森不懂算术”（Alison doesn’t know arithmetic）。

如果我们想直接提及无知这个词，则必须使用被动语态。“艾莉森对2+2=4这个事实一无所知”（Alison is ignorant of the fact that 2+2 equals 4），“艾莉森对算术一无所知”（Alison is ignorant of arithmetic）[①]。相反，如

① 英文为被动语态。——译者注

果我们沿用主动语态，即“艾莉森无视2+2=4”（Alison ignores that 2+2 equals 4），“艾莉森无视算术”（Alison ignores arithmetic），那么句子的意思就大相径庭了。在英语及许多其他语言中，仅有一个特例，那就是动词“怀疑”（doubt）。我们能说“艾莉森怀疑2+2=4是错的”，甚至可以说“艾莉森对算术持怀疑态度”。

但我们以此仅能表达出一种特定形式的不确定性，与无知截然不同。换句话说，这种不确定性近似于不相信。将这些句子和以下三句话作对比：“艾莉森不确定2+2是否为4”“艾莉森不确定算术是什么”“艾莉森不确定她是否懂算术”。你应该已经心里有数了，谈论无知以及类似概念并非易事。所以，接下来我要向你们介绍一组词汇和理论框架，以便你们对“无知”进行清晰高效的思考与探讨。

无知的定义

我们先对“无知”下一个切实可行的定义。它需要同时涵盖两方面内容，一是简单的缺乏知识，二是错误认识。我们称一个人是无知的，并不仅仅是因为他对某事一窍不通，还可能是因为他对某事的观念是错误的。这个过程还需涉及主客双方，无论是一个人认为另一个人是无知的，还是他们认为自己是无知的。于是就有了以下定义：“对于B认为实际可行或潜在合理的事，如果A未能同意或并不了解，那么在B看来，A是无知的。”

该定义同时包括了缺乏知识和错误认识两个方面，并且涉及了双方的问题，即A和B可能是不同的人，也可能是同一个人。至于B是否认为A应该知道此事则是不确定的。A和B可以是相同的人这一想法引出了一个重要的问题：我们是否意识到自己的无知。就这一问题，哲学家安·克尔温（Ann Kerwin）为我们指明了方向。

安·克尔温的无知矩阵

	已知	未知
已知	显性知识	隐性知识
未知	意识到的无知	未意识到的无知（元未知）

首先，她注意到世间存在已知和未知的事物。我们了解其中一些，对另一些却一无所知。接着她画出了这张表格。

“已知的已知”（known knowns）是显性知识。这种知识可以通过交流讲解传授给他人。例如，怎样煮意大利面，如何换电灯泡，等等。

“未知的已知”（unknown knowns）是隐性知识。想要通过交流讲解将这种知识传授给他人极为困难，甚至是不可能实现的。比如，怎样骑自行车或如何开展对话，等等。

“已知的未知”（known unknowns）是我们意识到的无知。比如，我清楚地知道自己不会制作衣服，也不知道我将在什么时候以何种方式死去。

最后，“未知的未知”（unknown unknowns）是我们未意识到的无知，即“元未知”（meta-ignorance）。在他人身上很容易发现“元未知”，但审视自己时却毫无发现，除非你回顾往事对比今昔。比如，直到我读到一篇关于准晶体的文章时，我才意识到先前我根本没有这个概念。在我大约9岁时，我曾一度以为“truculent”（好斗的）这个词应该读作“trooselent”，直到我母亲告诉我发音应该是“trukulent”。

迈克·史密斯的无知分类图

现在让我们开始学习相关词汇。自然语言中用于形容“无知”的术语有很多，只要运用得当，它们就有助于我们对“无知”进行有条理的思考。

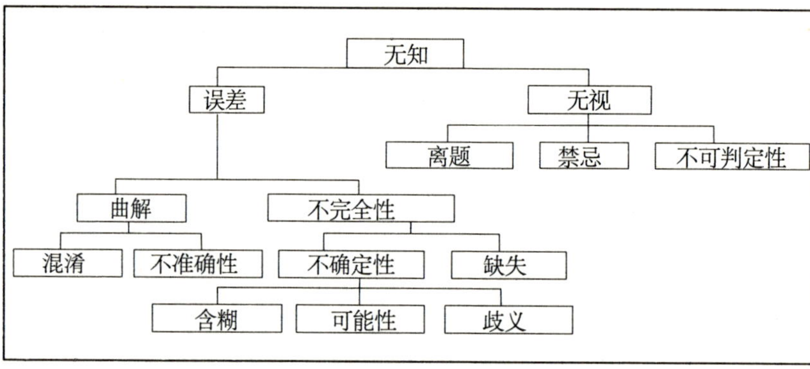

在我的分类法中，我将这些关于无知的术语分成两类。第一大类是“误差”（error），它包括了所有涉及缺乏知识或错误认识的被动态术语。在“误差”下有两个子类别，分别是“曲解”（distortion）和“不完全性”（incompleteness）。“曲解”包括有偏差或错误的理解，“不完全性”包括缺乏知识和不确定的知识。

现在转入“曲解”的两个子集，其一是“混淆”（confusion），即把一物错认为另一物。如果我用平板电脑触控笔在纸上写字，那么我就混淆了触控笔与钢笔。

另一子集为“不准确性”（inaccuracy），相当于错估了某事。我以为我的钱包里有50美元，但实际上却只有20美元，那么我就错误地估计了我所带的钱的数额。

“不完全性”有“不确定性”（uncertainty）和“缺失”（absence）两个子集。“缺失”就是字面意思：缺少信息。

另一方面，“不确定性”有三种：“可能性”（probability）、“歧义”（ambiguity）和“含糊”（vagueness）。“可能性”代表不确定某事的真实性，或不确定某事是否会发生。一位陪审员认为被告可能有罪，但他没有十足的把握。我猜测明天可能不会下雨，但我不敢肯定。

“含糊”和“歧义”是相关联的两个术语，经常能互换使用，但我更倾向于将它们区分开。“歧义”可能包含几种不同的解读。如果我的朋友只告诉我“这盘菜很hot（烫/辣）”，他的意思可能是这盘菜很烫，也可能是指它辣味十足。另外，“含糊”通常指数量方面不够具体。如果我的朋友说，他今天赴了几个约，这种说法可以指3个，也可以指10个。从这个意义上说，他给的信息很含糊。

第二大类是“无视”（irrelevance）。它包括了所有表示“无视”的术语，这是无知的主动态，我们会无视自己不需要知道的事，或不应该知道的事。在“无视”下有三个子类别：“离题”（untopicality）、“禁忌”（taboo）和“不可判定性”（undecidability）。“离题”是指我们觉得自己不需要知道的事。例如，大部分人通常不需要知道日地距离。“禁忌”是指我们不被允许知道的事。军事机密就是统治当局强制设下的禁忌，在社会文化规范中也有诸如隐私之类的禁忌。比如，在许多工作场所，上级向下级询问他们工作之余的性行为是不合适的。“不可判定性”是指原则上无法判断正误的事。“说谎者悖论”就是一个经典的例子。假定我说“我正在说谎”，如果你认为我说的是事实，那么我的确在说谎。但如果我真的撒了谎，那么毫无疑问，我刚才说的是真话。

马赛厄斯·格罗斯的未知之屋

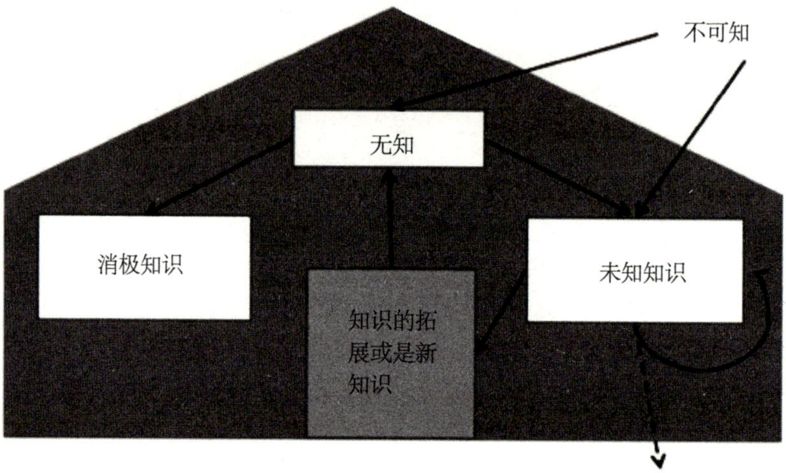

社会学家马赛厄斯·格罗斯（Matthias Gross）在他的“未知之屋”（house of the unknown）中，借鉴了我和其他学者提出的有关无知的概念。和我一样，他将“无知”作为总括术语，但他同时又假定这个词为有意识的无知，即我们已经察觉到的知识盲点。“未知知识”（nonknowledge）也是无知的一种，但人们已对它有详细具体的认识。至少在原则上，它是我们可以克服或者彻底摆脱的无知。例如，如果我有一个问题，与此同时知道解法，那么原则上我能给出答案。

另外，“消极知识”（negative knowledge）是卡琳·克诺尔-塞蒂纳（Karin Knorr-Cetina）用以表示我们无法知晓或不想知道的事的术语。我无法知道父亲会如何评价我选择的事业，因为他在我11岁时就去世了。因此，无知能转变为知识、未知知识或消极知识。这是针对无知是否可消除的另一种说法。

格罗斯博士将另一个术语“不可知”（nescience）置于“未知之屋”之外。这个术语类似于我提出的“元未知”以及安·克尔温提出的“未知的未知”。一旦我们意识到“不可知”的存在，它就会转变为“无知”，甚至径直转为“未知知识”。

因此，“未知知识”或“可减少的无知”（reducible ignorance）有时会转化为新知识，或至少是原先知识的拓展。但大量新问题，也就是更多的无知，会伴随新知识而来。神经科学家斯图尔特·法尔斯坦（Stuart Firestein）有一句口头禅：“科学研究的头等大事就是创造更高级的无知。”因此，“未知知识”可以创造新的“未知知识”，甚至带来更多的“不可知”。

现在我们已经掌握了一些概念术语，可以用来表示不同种类的未知。我们还给无知下了基本定义，考虑到如果没有一个明晰的定义，谈论无知必然是无米之炊。这很重要，因为无知在很大程度上是社会建构的，所有的概念术语都有其文化历史根源。那么这些对你有何帮助呢？首先，在整本书中我们会使用这些概念术语。因此，为了更好地理解之后的内容，熟悉这些词至关重要。其次，这些概念术语都是基于人们对无知的思考和反应而产生的。从人们的思维和行动中似乎能总结出不同种类的无知，每一种看似都有它自己的特点和用途。接下来我们将会深入了解本节介绍的一些术语。

无视的行为

我刚开始研究“无知”及相关的话题时，意识到“不知道”包含了被动语态和主动语态。对某事物“无知”是被动语态，“无知”是一种状态，而“无视”某事物则是一种行为。我现在不是要细说这种分类，而是要关注一种故意的，甚至是策略性的无视行为。

无视比无知应承担更多的道德谴责

首先，无视经常会招致一种道德上的谴责。它不同于对无知的谴责，有时会更甚。人们在大多数无知的情况下，都在某种程度上没有意识到无知本身。愚人通常不会无视重要的信息，他们只是没有意识到它的存在。其次，与无视事实之人的大量沟通其实是对他们的惩戒。无视就类同于主动犯罪，而无知则类似于不作为犯罪。无视中隐藏着意愿或抉择，但无知通常不会。

我们倾向于认为无视某事物的人是故意如此，无视警告并把自己和其他人置于险境就是一个很常见的例子。比如，刊登在2011年4月11日《信使报》（*The Courier Mail*）上的这篇报道：“三人在昆士兰州中部开车，绕过‘道路关闭’指示牌并掉入洪水后获救。”毫不夸张地说，人们对报道的回应是非常严厉的，大家给编辑的回帖和信中都希望透露这几个人的名字、谴责他们、罚他们款，以及对于他们浪费纳税人的钱且给救援人员带来不必要危险的行为进行惩罚。

尽管无知和无视之间有明显的区别，人们还是会混淆它们。《悉尼太阳先驱报》（*The Sydney Herald Sun*）2014年3月的头条，“四分之一的女性无视子宫颈癌疫苗”，就完全弄错了。文章实际上想传达的信息，不是女性无视疫苗，而是她们对疫苗和癌症本身是无知的。同样，《哥伦布电讯报》（*The Columbus Dispatch*）2014年5月的头条，“无视疫苗助长疾病”，大概也搞错了含义。文章的内容不是人们无视疫苗，而是对疫苗以及风险有错误的认识。

由于无视是一种行为，即能够刻意为之，使它被当作一种社交或心理学上的策略来使用，而无知则很少能这样使用。林林总总的自我调剂方法被撕开表面后，都可以归结为策略甚至战略性的无视。让我从这些条文里举出两个例子：“别为小事烦恼”和“活在当下”。第一句劝诫我们要把“小事”减少到某种程度，于是我们大概就能专注于“大事”（无论是什么）。第二句则督促我们别再活在过去或未来，而要着眼于当前该怎么过。我不是想评价“别为小事烦恼”和“活在当下”到底是不是好建议，而是想指出无视也有它的用途。

避免“沉没成本谬误”

咱们现在来看一看无视也有可取之处的情况。有的理性决策方案会无视特定事物，避免“沉没成本谬误”（sunk cost fallacy）就是一个例子。对于已经投入了某些成本的努力或项目，我们会有更大的动力去继续，这时就会出现沉没成本谬误，这些成本可以包括：金钱、时间或其他不可挽回的资源。这就导致了认知失调。

为什么会认知失调？想象以下的情境：你正在开发一个产品并且已经投入了计划预算的90%，然后发现竞争对手的企业刚发售了一个极具竞争力的产品，且远远比你的产品做得更好。这时你该如何使用剩下的10%资金？用它继续研发完成产品还是用它再投资一个新项目？很多人会觉得如果我们放弃这个项目，所有投入的资金、时间和努力都会付诸东流。但这事实上与我们如何就当前拥有的资金、时间和其他资源做出最佳决策毫无关系。

我们中大多数人的头脑大概都能绕过这个弯儿，忽略沉没成本如金钱或时间，但当牵扯到钱或时间以外的东西又会如何呢？

专栏作家杰西·辛格尔（Jesse Singal）报道过关于美国政府是否应该进行军事干预，以帮助伊拉克政府反击ISIS的争论。她指出一些支持干预的论点就涉及沉没成本，也就是战争迄今为止的耗费。这些是她引用的其他专栏作家直接提及这个问题的观点。有人断言财政成本是数万亿美元，另一些人说如果不干预就是对2001年以来罹难的数千美国人的背叛。

辛格尔注意到，有些人认为“如果我们不帮助伊拉克政府，那些生命（已阵亡美国士兵）等同于被浪费掉了”是成立的。但她也指出这种想法是认知失调的反应。沉没成本已经失去了，无论做什么，我们都无法让死去的人复生。她其实已经意识到把失去的生命认定为“沉没成本”会让人感到有失尊严，但事实上她仍然继续以冷血的方式表述出来。无论如何，她提出的观点很重要，一旦我们被某种强烈的情感或直觉影响，我们就很可能会被决策偏好所伤害。

一旦我们把注意力从无视事情转移到无视人上面，情况就变得更加有趣。我们中的大部分人都曾时不时地无视某一些人，这么做是有用的，甚至网上还有在线指南来教我们该怎么做。

你还能看到有人在争论无视别人这种行为的道德和效果。例如，父母该如何对待他们孩子的失礼行为？有个育儿网站认为应无视这些行为，另一个则劝你不要把它们全都无视掉。如果失礼的行为有失身份或者狂暴粗鲁，那就应该马上进行教育和制止。无视某人很长一段时间相当于排斥或孤立。排斥行为非常强力，可被用作一种社会制约的手段。最流行的例子大概是旧信条阿米什人，他们以制度化的孤立作为惩罚罪犯的手段，办法就是，即便是你的家人，你也要拒绝和他们一起吃饭，拒绝和他们说话，就算他们和你说话，你也要无视他们。

这有没有效果？从结果来看，孤立或排斥——因其给人被摒弃的感觉——对人有着强烈的冲击力。社会心理学家吉卜林·威廉姆斯（Kipling Williams）已经研究排斥所产生的效应很多年。不无讽刺的是，社会学家们已经无视这个问题100多年了。在他众多巧妙的实验中，其中一个展示了人们被电脑屏幕上的卡通人物无视时，会感到被摒弃的痛苦，以至于威廉姆斯把排斥描述为一种“看不见的欺侮”。实际上最近的一个调查显示，对于一部分人来说，被排斥的痛苦更甚于被欺侮。

无视都是自发或有意而为的吗

到目前为止，我们了解了各种各样的无视，它们都是自发的，甚至是有意而为的。

但我的分类中显示无视并非总是自发的，在无视的三个类别里，禁忌是一个很好的例子。如果我们从小到大都被教育，狗不是养来吃的，那么我们拒绝吃狗肉就不会完全是凭自由意志做出的决定。我们或许会对这个例子感到厌恶，还有没有其他非自发无视的例子？

离题	拒绝
不可判定性	·拒绝承认紧张的状况
禁忌	·回避事实
·触发恐惧和/或恶心感	·将结果最小化
·这些情绪通常都是下意识的	

拒绝接受也是一例。假设你有一个好朋友，他长年坚信他的前妻会回到他的身边，即便她已经和其他的男人再婚组建了新的家庭。这就是一个无视某些显而易见的重要事实的例子。不管它是任性还是蓄意的，大概你最终会得出你的朋友在“拒绝现实”，因为他不由自主地在无视那些事实。

“拒绝接受”对学习无知的学生来说是一个有趣的现象。因为它正处在无视和无知的中间地带。从旁观者的角度来看，拒绝现实的人是在无视某些事情，但他们本身其实是处在无知的状态。

这一节的主要目的是让你认识到无视作为一种行为，它的用处和影响。

我们学到了无视经常会招致道德上的谴责；无视某事可能在道德上被视作比对同一件事无知更严重的错误；但无视也有其用途，有时无视某些事情（如沉没成本）可以帮助我们做出最佳的决策；无视人（特别是排斥他们）对他们来说是一种痛苦，故而可以用作一种控制或惩罚的手段。

尽管如此，并不是所有无视的类型都是自发的（如禁忌和拒绝接受）。

或许，有关无视最重要的一件事就是，策略性无视是我们主动构建自身无知的一个例子，是针对“无知仅是其他人或是这个不合人意的宇宙强加于我们的麻烦”这种直觉的绝佳反例。重点在于，我们有时会选择无视，这就是策略性无视的意义所在。

消极知识

卡琳·克诺尔–塞蒂纳首次使用了“消极知识”这一术语来表示对知识有限性的了解。这是元知识的一种，同时也是已知的未知的特例。这些或者是我们无法知道的事情，或者是我们不可以知道的禁忌。现在，我们将着眼于我们无法知道的事情。

消极知识的两个方面

消极知识分为两方面，其一是对于在某一特定领域存在哪些不可知（或不能被知晓）的事情的认知，其二是对于在某一领域，何时能了解一切的认知。这两者互相关联，正如我们所见，它们能同时发生。让我们先集中讨论第一种。

对于第一种情形，在交流中常有以下例子，我们中的一些人可能很熟悉这种对话。

A说：“你为什么下楼去杂货铺的时候没买牛奶？”

B说："你没和我说咱们需要牛奶啊，我又不是你肚子里的蛔虫。"

B就是在作一个消极的无知假定，B猜不到A在想什么。然而，B同时也断言，如果A和她说了，那她就会知道需要牛奶。

因此，这就出现了另一个重要的区别。有些事情，原则上或许别人都能知道，但是我不知道。然而，还有一些事情我们都没法知道。比如，我永远不会知道我哥哥布莱恩有没有在2001年4月13日早晨刮胡子时刮伤自己。我没在场，而他也已经忘了。但在那时候，他是知道的。同样，不管是他还是我或者其他人，都不会知道他在两年后的4月13日刮胡子时会不会刮伤自己，甚至不知道他那天早上会不会刮胡子。

消极知识为什么很重要呢

消极知识之所以重要，有以下两点理由：首先，了解有些事情是我们无法知道的，能够提醒我们不要浪费时间和精力去追逐它；其次，对于某件事情是否不可知的问题可能存有争论，这种争论能帮助我们解决重要问题。消极知识让我们停止探究，这其实看起来很不错：没必要试图化圆为方或发明一个永动机，因为这些事情是无法实现的。

但是消极知识是否也会被误用，或者说它是否会误导我们呢？彼得·梅达瓦（Peter Medawar）有过一句著名的格言："科学是可解的艺术。"一些人（包括一些科学家）从中做出了常理推断，即如果一个问题不可解，则不是科学问题，因此应当把它从科学探究中排除。

然而，通过无视无解的问题，科学家们自己放弃了为那些问题做出贡献的机会。实际上被消极知识定义的问题，包括棘手问题（wicked problems）和危机问题（rude surprises）。里特尔（Rittel）和韦伯（Webber）在1973年的经典文章中，辨析了棘手问题的特征。

棘手问题

棘手问题的绝大多数特征都涉及各种消极知识，因此，它的确切定义和范围是不能分辨的。这种问题没有确定的解决方案，没有对于解决方案的有效性的最终测试。每一个棘手问题都是独一无二的，没有办法通过反复试验来习得解决它们的办法。棘手问题包括怎样制定政策来应对气候变化，怎样打击恐怖主义，怎样消除贫穷，怎样结束战争。举个例子，即使我们承认在预测全球气候趋势方面存在一个科学共识，但地方趋势或区域趋势更难以预测。因此，评价任何减缓气候变化的措施的效果就尤为困难。

危机问题

危机问题并不总是棘手问题，尽管如此，根据托德·拉·波特（Todd La Porte）的描述，它们是“意外的、有潜在压倒性的情况，很可能对人类生活、政治经济活力和环境完整性有惩罚性的打击”。比如20世纪80和90年代艾滋病的暴发，特别是它对非洲的影响。20世纪80年代初出现的臭氧层空洞也是如此。全球很多金融投资者、顾问、操盘手都毫无疑问地将2008年全球经济危机看作是一个危机问题。

科学家为何应当在无解问题上投入精力

让我们回到这个问题：是否应当阻止科学家思考棘手问题和危机问题？如果说数学家、科学家或工程师可以在无解的问题上创造价值，这看起来或许很奇怪。然而，在这些领域工作的人实际上了解关于无法解决的未知的争论，也知道如何忍受它们，并且他们或许能帮助我们其余的人也做到这点。

20世纪许多科学都经历过有些评论家所称的“确定性缺失”阶段，他们实际上所提到的是消极知识中的进展。以数学为例，如果我们能发现一个保证不会把我们引向错误的真理，这不是很好吗？许多非数学家认为数学就具有这样一种方法。20世纪初，数学家们发现这个希望破灭了。证明数学是完备的并且是一致的只是他们面前的诱人前景。

粗略地说，一致性相当于要保证永远不会遇到悖论（这是形式正确的数学命题，但既能被证实亦能被证伪），完备性相当于要保证永远不会遇到不可判定的命题（这是无法证明真伪的形式正确的数学命题）。只有确保任何数学命题或假设都能被证实或证伪，数学中的未知才能真正地被驯服。

库尔特·哥德尔（Kurt Godel）在1931年的著名论文中，永远地否定了这种幻景。他表示，如果能够恰当处理自然数的数学理论是一致的，那它将是不完备的。他同时说明，如果能够达到一致性，那它的代价就是不完备。但是，是否有一种方法，能找到哪些数学命题不可判定，哪些命题可证呢？

阿兰·图灵（Alan Turing）在1936年的论文《论可计算数及其在判定问题上的应用》中给出了这个问题的答案：否。这个消极知识有没有导致数学的灭亡？从那之后数学家们仍然有巨大的创造性输出。以此来判断，这些消极知识显然没有导致数学的灭亡。因此，数学家们已经忍受了相当严重的消极知识将近一个世纪，我们这些人或许能从观察他们的行为中学习到些东西。

关于消极知识的争论

关于消极知识的争论看起来是什么样的呢？它为什么很重要？回想一下之前说过的，了解有些事情是我们无法知道的，能够提醒我们不要浪费时间和精力去追逐它。简而言之，确定有些事不可知，能使我们放弃了解它。如果我们在这个重要问题上犯了错，我们会错失了解一些非常重要的事情的机会。

为了感受这一切，让我们来看一个关于了解何时能知道科学中的所有事情的争论。约翰·霍根（John Horgan）在1996年出版的《科学的终结》一书引发了这场争论。

霍根的论点是，在许多科学领域中，新理论的发展已经趋于停滞。因为当前理论已经是人类所能理解的宇宙运行的极限。按照霍根的观点，物理学中的量子论和广义相对论，分子生物学和生物学中的自然选择理论，还将持续上千年，不可能发生根本性的改进。

这个说法并不新鲜，1903年，诺贝尔奖获得者、物理学家阿尔伯特·迈克尔逊（Albert Michelson）曾说，物理学中最重要的基本定律和事实都已发现，而现在这一切已是如此牢固地建立起来，以致它们因为新发现而被取代的可能性，如今也已变得遥不可及。1903年出版的《光波及其应用》对此也有相同观点。

著名数学家、哲学家阿尔弗雷德·诺思·怀特海（Alfred North Whitehead）在1948年出版的《科学与哲学》中说："宇宙很大，没有什么要比自鸣得意的教条主义更让人感到奇怪了。在每个历史时期的人们都对现有模式的知识敝帚自珍。"

由霍根的论点衍生的辩论中有趣的一段是对于消极知识的争论。霍根说科学已经提完了它能回答的问题，这蕴含了一个对消极知识的断言。我们对宇宙发现得越多，我们了解宇宙的可能性就越少。他说："我们用简单优雅的模型描述宇宙的能力，很大程度上是由于数据的缺乏和我们的无知。我们对这个宇宙所有美妙的细节看得越清晰，就越难用一个简单的理论来解释它是如何变成那样的。"

在一个细心的、可能也有些愤怒的回应中，当时是劳伦斯伯克利国家实验室的一名资深科学家、数学家的戴维·霍夫曼（David Hoffman），这样评价霍根的消极知识断言："霍根忽略了理论、实验与仪器制造之间复杂的相互作用，而这正是现代科学的特征，特别是从根本上获取新数据的规律性挑战了最初寻找这些数据的理论。"

将近20年后，《华盛顿邮报》的专栏作家乔尔·阿肯巴克（Joel Achenbach），带着自己的观察，回应了科学的终结这一问题："每个人都认为古生物学的研究已经走到了尽头吗？有个问题偶然出现在了我的脑海中，确切地说，是什么引起了二叠纪大灭绝？（西伯利亚火山作用？）为什么有些物种存活了下来而许多物种灭绝了？恐龙是否在白垩纪-古近纪灭绝事件之前就衰落了？"

阿肯巴克接着指出，官僚主义的短视缺乏对于长期的高风险科学研究的支持，会比其他任何人类认知能力受限原因更可能阻碍科学发展。因此，对于消极知识，有另外一种截然不同的说法。

本节专注于消极知识，即对于我们知道或可能知道的事情的限制性的知识，我们探究了以下问题：

首先，了解有些事情是我们无法知道的，能够提醒我们不要浪费时间和精力去追逐它。

然而，有些人类面临的重要问题，如棘手问题和危机问题，它们都以消极知识为特点，而我们不能忽略它们。消极知识甚至在最为"确定"的科学领域（如数学或物理学）中，都是一个关键部分。

最后，某件事物是否不可知的问题或许是有争议的，这种争论能引发重要问题，比如，科学或人类认知的极限。

总的来说，我们呈现了无知的一幅地图，演示了不同类型的未知。到现在你应该意识到无知并不仅仅是知识的对立面，我们还看到了我们倾向于把无知当作一件坏事，但它并不总是这样。

接下来我们将更深入地讨论人们何时想要无知、何时不想要它的问题。这个研究将为了解无知源于何处，它是怎样被创造和消灭的问题铺平道路。

无知和复杂问题：什么是复杂问题

这一节，我们将深入地讨论什么是复杂问题。我希望将复杂的、挑战道德的问题和那些简单温和的问题区别开，简单的问题有清晰的解决方案。比如，有多少澳大利亚人每天至少吃一次红肉，或者如何组装一台太阳能汽车，这些都是你能找到一个答案的问题——也许并非轻而易举，但总归还是有个答案，而且你有可能找到它。然而复杂问题是没有清晰的答案的。

复杂问题的五种属性

复杂问题有五种属性，要是具备这些属性，那它就是个复杂问题了。

第一个属性，它们是系统问题。系统问题的意思就是，所有事都相互联结在一起。我不会详细地把整个系统中的每一点都加以说明，但我会强调这样的事实，即所谓的边界是子虚乌有的。每个问题都同其他问题相关联，因此，如果你解决了某个复杂问题的一部分，它将导向另外某处的其他问题。我们以下面这幅肥胖症流行图为例进行说明。

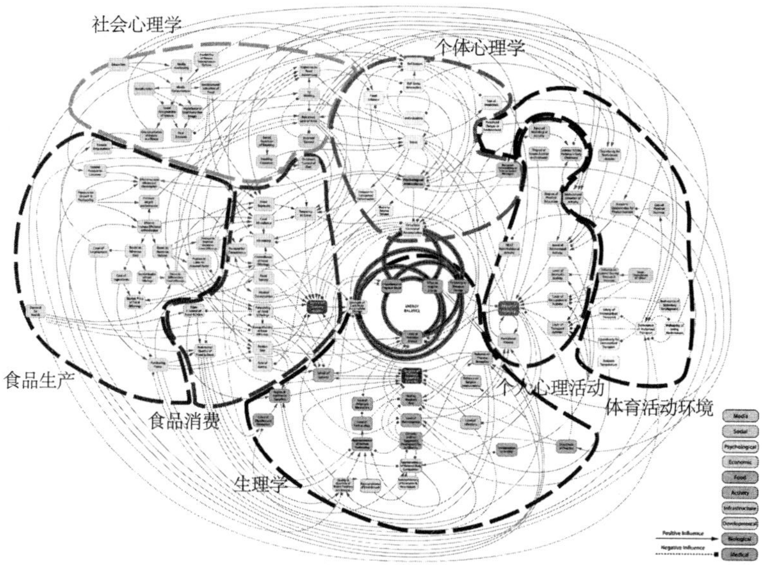

资料来源：Butland, Bryony, et al. Tackling obesities: future choices-project report. Vol. 10. London: Department of Innovation, Universities and Skills, 2007.

他们确实在上面画出了外侧边界，这是条人为的边界。我不指望你们搞懂这幅图上的所有事，但我要指出的重点是：每件事之间都息息相关。肥胖的成因是我们吃得太多，运动得不够。但反过来说，这和我们的工作模式、能用来休闲和做饭的时间、我们陪伴家人的时间、购物方式、高含糖量的软饮料广告大行其道等也都分不开。

因此，无数的因素交错作用，对肥胖问题产生影响，这就是复杂问题的复杂性之一，即它们是系统问题，许多因素在其中彼此关联影响。

第二个属性，价值观至关重要，尤其是冲突的价值观。我们仍然以肥胖为例，关于针对儿童和成人的广告规范，就有不同的观点——社会是否应当予以规范，还是说这完全是家长的责任，这就是两种不同的价值观。想要调和它们绝非易事，所以总是会有人对做出的决策不满意。对于这种困境，不存在两全其美的答案。

第三个属性，是背景的重要性，也就是相关的历史、文化、政治、经济或其他环境会影响到问题本身，也会影响到我们的解决方案。比如，肥胖问题所涉及的背景就是随着时间推移而不断改变的工作和社区生活，或者是可选择的交通方式，如我们步行和驾车的比例；它也涉及加工过的食品的可获取性，以及这些食品的配料；它也关系到社会经济地位，那么是越穷的人越容易肥胖吗？并不完全如此。肥胖与社会经济地位相关，所以极端贫穷的人不会肥胖，他们处于中间位置。但相对来说社会经济地位较低的人会比地位较高的人更容易肥胖。同时，我们组织社区生活的方式，我们安排进餐的方式，以及类似的所有事情，都是会影响到肥胖问题的背景因素。因此，对复杂问题来说，背景因素非常庞大，而且永无休止。也正因如此，这也是使完美解决方案不存在的罪魁祸首之一。

第四个属性，无知总是至关重要的，总会有我们不知道的事情。还是说肥胖症流行这个问题。我们不了解自由贸易协定的影响，我们不知道怎样才能特别有效地改变人们的行为，我们不知道怎么才能让健康食物更受欢迎，我们不知道如何改变工作预期，诸如此类。我们现在可以知道其中一些问题的答案，但绝不是所有的。因此总会有未知存在，而当有未知存在时，解决问题的方案里就必然会有不完善之处。

所以，让复杂问题变得困难起来的，就是系统性、价值观、背景和未知。同时，其中任意一项都会导致不完善，这就是复杂问题的第五个属性——没有完美的处理方式，不存在完美地解决问题的方法。

让我们来看看迈克提及的问题，以及这些问题在帮助我们思考无知和复杂问题上的影响。我会从迈克讲述的内容里选三件事来讨论：（一）无知的隐喻；（二）思考无知的有效方式；（三）关于挑战道德的问题与温和问题的对比。

无知的隐喻

就无知的隐喻而言，我认为最有用的观点是，把知识看作无知汪洋中的一座小岛。这一观点的重要性有两个：第一，它让我们把注意力集中到所谓的海岸线上，这条海岸线就是指我们已知和未知的边界。因此，随着知识小岛的增长，海岸线——也就是我们对自己无知的认识，也在随之增长，这在复杂问题中非常重要。因为我们常常认为，需要做的就是不断地发现。第二，我们辛勤地投身于此，的确发现得越来越多，但事实就是，我们拓展的不仅是知识的小岛，我们也延长了海岸线，意识到自己有更多不了解的地方。所以，这一岛屿的隐喻因以下两种原因而很有效：其一是它强调了海岸线本身；其二则是它强调了发现我们需要知道的所有事的难度。事实就是，我们试图知道得越多，我们就发现自己越无知。

思考无知的有效方式

然后是迈克讲到过的第二件事，思考无知的有效方式。他用到了安·克尔温的表格，我们迄今为止想到的都是我们意识到的无知，也就是已知的未知。但安·克尔温也没有忽视另外两种无知：第一种是隐性知识，这里先不去管它，但我们后面会处理这个问题；第二种就是未知的未知，也就是我们不知道自己不知道。复杂问题之所以如此困难，其中一个原因就是对自己不知道什么的未知。我们需要意识到自己所欠缺的知识，可是这并非易事。想要弄清我们不知道什么很难，我们希望能做到的事情之一就是尽可能缩减它，但确实很难。因此，当意料之外的事情发生时，我们需要保持敏捷灵活，因为那就是未知的未知显现出来的时候。我们本不需要担心的事情突然间变成了我们需要担忧之事，这绝对会是个意料之外的惊吓。所以我们在处理复杂问题时一定要保持灵活，才能应付各种意外的发生。

关于挑战道德的问题与温和问题的对比

最后，让我们回到挑战道德的问题与温和问题，或是简单问题与复杂问题上来。迈克谈到彼得·梅达瓦，他曾有格言，宣称科学是可解的艺术。但当我们面对复杂问题时，我们也必须更好地处理不可解。为了说明这一点，我会用到澳大利亚国立大学校园中这尊美丽的雕塑，由提姆·斯佩尔曼所做的“库拉的涟漪”。

我将它一分为二，并将其用作解决问题的方法的隐喻。所以，如果我们取雕塑中较大的一半作为处理可解问题的方式，你会看到我们已经有了无数发展完备的模式。而且尽管我们还会继续扩增这些方案，但我们已经有了一套坚实的知识。但如果看向雕塑的另一半，即处理不可解问题的方法，我的论点就是它们还发展得远远不够，它们如此落后，而且数量也少得多。

我们所需要做的就是扩展解决方法，我们需要在对复杂问题的研究上，以及建立解决复杂问题的方法上都获得进展。我们希望的是能够像处理可解问题一样，游刃有余地处理不可解的问题，并且能像雕塑中所展现出的平衡一样，在对两种问题的研究上取得平衡。

IGNORANCE

02

无知的起源

我们宁愿不知道的事情

有些事情是我们宁愿不知道的。其中有些是暂时性的，即我们最终会想了解，但就现在而言我们还不愿知道。而另外有些事情则是我们永远不愿知道的。在本节中，我会先把重点放在我们暂时不愿知道的事，然后在下节接着探讨我们永远不愿知道的事。暂时性的无知（temporary ignorance）有许多用途，其中有些并不那么显而易见。我在这里举三个例子，分别是娱乐、学习与发现以及自由。我们先从娱乐开始说起。

暂时性无知的用途——娱乐

许多娱乐形式都需要以受众的暂时性无知为前提，其中就包括了几乎所有形式的叙事和玩笑。要是没有未知、神秘或惊喜的元素，就没有娱乐可言。为了更好地理解这一点，我们先来看看幽默和叙事，接着再说游戏。

幽默不协调理论（the incongruity theory of humorous entertainment）指出，有些幽默就依赖于先为受众建立期待，接着再打破这一期待。这种

“意想不到的事物能带来幽默”的想法至少能追溯到西塞罗（Cicero）时期。比如，踩着香蕉皮滑倒的玩笑，首次通过卓别林的影片《在海边》（*By the Sea*）出现在了银幕上。卓别林在影片中饰演了一个流浪汉，在不经意间将香蕉皮扔到了地上，结果自己踩在上面滑了一跤。人们都说卓别林是这一喜剧桥段的开创者：一个小伙子走向香蕉皮，在当要踩上香蕉皮时，他非常矫健地跨了过去，最后却摔进了下水道。

歧义是许多种谜语、笑话以及双关词的重点所在，不论是词汇还是句法上的歧义。不管人们是否有意为之，我们经常能在报纸头条上看到此类歧义。

为了能够有效传递信息，就算是不带幽默元素的故事，也需要我们暂时处于无知的状态。好比我们不能立马断定谁是犯罪小说里的凶手，我们不确定故事中的恋人是否能终成眷属，我们还不知道在戏剧中表面仁慈的叔父，其实是个心理变态，诸如此类。如果我们没在第一时间看完一本书或一部电影，然后先在网上进行搜索的话，我们就会看到“剧透”警告，我们最好避开它们以保持娱乐价值。

游戏是另一个娱乐例子，无知在当中扮演着重要角色，即使是益智游戏也不例外。预先知晓结局的游戏，其娱乐程度会大大下降。益智游戏其实就是带有趣味的测试。为什么这么说呢？一部分是因为相比测验，游戏有着更多的不确定性，会根据我们的技巧和运气得出不同结果。

早在25年前，在一家大型医院任职的临床神经心理学家就告诉过我，他是如何开始探索游戏与测验之间的联系的。他的主要工作之一就是，观察脑创伤部门里病人的认知功能状态与修复情况。这些病人大多是交通事故的受害者，或者是中风患者。许多完善的记忆力、运动控制以及持续性注意力测试都有着良好的心理计量属性，但却稍显无聊，以致有些病人拒绝接受这类测试，其他接受测试的人则仅是抱着散漫的心态。测验如下：

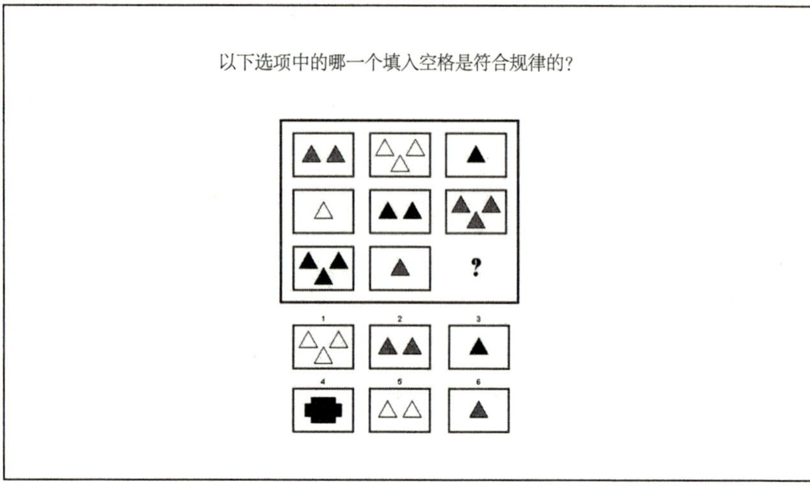

某天这位心理学家灵感突现。他发现，那些完成测试的人都会走到医院走廊去玩“太空侵略者”游戏。这个游戏本身就集注意力和运动控制测试于一体。除此之外，不断重复地进行游戏实际也有助于病人康复。所以比起标准的认识测试，这个“测试”有着更好的治疗效果。他将游戏机连接至一台计算机，并建立了一系列基准测量。例如，在什么都不做或者只是随意操作摇杆的情况下，病人能玩多长时间。该测试同时也记录了每个病人的康复进度，得出的结论简直是医生的福音，它不仅能搜集病人康复过程的有用数据，还是一种运动疗法。

暂时性无知的用途——学习与发现

现在我们来说说学习与发现。如果我们要有意地去学习与发现，那我们就需要以已知的未知为起点，所有研究项目以及其他创意项目都是如此。在《劳特利奇国际无知手册》的一个章节里，卡特娅·沃格特（Katja Vogt）和延斯·哈斯（Jens Hass）将无知区分为会与不会激励探索的两类。他们认为总体来说无知会促进探索。不只是他们持有这种想法，事实上，我曾在1993年发表的一篇文章中说过，无知正是使人进行探索的动力。对我们已知的事物，还有什么理由去进行探究呢?

最有激励效果的已知的未知应有以下三个特点。首先，它们要有足够的激励性，促使我们必须做出解答。其次，它们需要涵盖足够的信息，以便我们进行解答。“我们能完成科学研究完全归功于某些特定的未知”，这就是社会学家罗伯特·莫顿（Robert Merton）想表达的意思。最后，对已知的未知做出的解答本身，也应为我们提供解答更多未知的动力。这可能就是诗人康明斯（E.E.Cummings）当时的内心所想，他曾说过“妙答总会引出妙问”。毋庸置疑，正是那些科学文献结论背后的无知，推动了更多的研究。

斯图尔特·法尔斯坦的著作也阐述了无知是如何推动科学研究的。所以莫顿、法尔斯坦、哈斯、沃格特和我，都持有一致的看法。我们都发现将无知与探索相结合，不仅能让我们获取更多知识，同时也能改善我们的无知。例如，“不知道地球并非是一个完美的球体”总比“不知道地球是圆形的”要好。

无知推动探索，这一观点说明了情绪因素掺杂其中。我们不只想当然认为自己对某事有兴趣或感到好奇，也切实是如此感受的。好奇心和兴趣也有情绪化的一面，知识分子、艺术家以及科研人员的无知中包含了混合动机。从一方面来说，他们的工作就是打破无知，解开一切不确定性。但与此同时，他们也需要有无限的未知因素、谜题和难题，甚至还需要矛盾。因为这些因素就犹如创新头脑所需的氧气一般。

艺术家并不被显见的想法所吸引，科学家也对容易解决的问题不感兴趣。他们想化未知为已知，并解决问题。但这过程需要有趣且具有挑战性，这就是物理学家皮亚特·海恩（Piet Hein）这句话的含义：“一个值得讨论的问题，其价值在讨论过程中更能明确。”确实，有时当解开难题后，这些富有创意的人会怀念之前的未知和谜题。解开了费马大定理的数学家安德鲁·怀尔斯（Andrew Wiles）曾公开表明，在解开该定理后，失落感缠绕了自己7年之久。

暂时性无知的用途——自由

我们最后来说说自由。我在之前说过，自由是一个关于无知的正面性质的词语。要是在你的未来之中没有任何未知可言，那么你便无从选择，也就没有了自由。人们愿意承担风险，并为自己的自由做出牺牲。这里我指的不只是在自由与臣服于暴君统治之下做选择，我指的是在自由与不错的，甚至是最优却带限制性的选项之间做出权衡。人们或许会坚持选择自由，即便那意味着拒绝最佳选项。在申智雄（Jiwoong Shin）和丹·艾瑞里（Dan Ariely）于2004年发表的一篇文章上，描述了由艾瑞里著写的《谁说人是理性的》一书中写到的对于这一观点的实验证明。

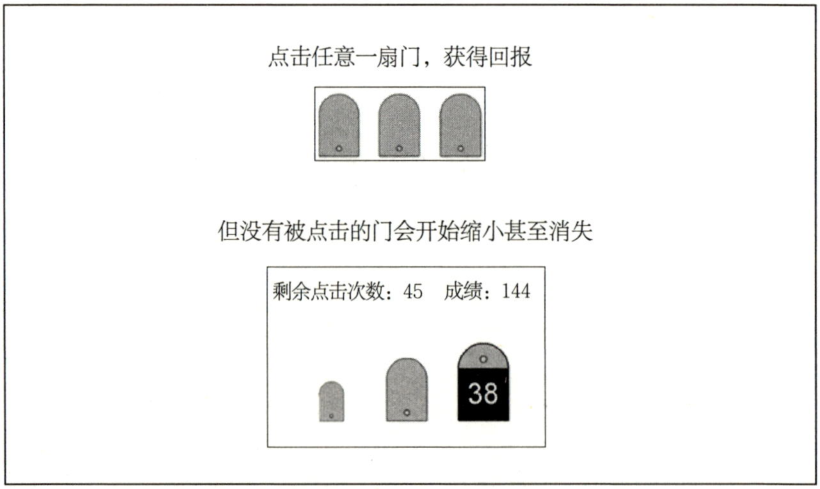

他们建立了一个线上游戏，其中有3扇门可供选择。每扇门都有一定范围内的回报（例如，介于1到10分的回报）。游戏的目标在于通过100次点击得到最高的回报。其中有个小设定，每当点击一扇门，另外两扇门就会稍稍缩小。如果一直没被点击，那扇门最终就会消失不见。他们发现，即便是麻省理工学院的尖子生也会选择放弃最高回报，从而保证每扇门都不会消失。对他们来说，每扇门关闭的机会成本要远高于他们通过单击最有价值门所能得到的回报。

是什么让我们想要保持所有选项，使我们在面对较差选择的情况下也不妥协？人们觉得只要自己握有更多选择，就能得到更多机会，好运也就越有可能降临。这种捷径思维出乎意料地强大。这一点在柯克帕特里克（Kirkpatrick）和爱普斯坦（Epstein）于1992年发表的令人意外的文章中得以展示。他们为人们提供了两个抽奖选项，分别是10抽1，或者是100抽10。所有参与者都表明自己知道两种选择的抽中概率一样都是0.1，所以两种选择对他们的概率判断都没有影响。尽管如此，在被问到自己的选择时，大多数人都选择100抽10的选项。为什么呢？因为这一选项为他们提供了10次赢的机会，而另一选项仅为他们提供了1次机会。

这节为大家讲述了暂时性的未知和它们的用途。大家现在应该清楚地了解到，有用的暂时性无知存在于娱乐、游戏、学习与发现以及创造等领域。这些领域不仅接受无知，同时它们的存在也依赖于无知。下面是出自释迦牟尼之口的一句话，我想不到比这更好的说法了：“启蒙之光的诞生依附于妄想和愚昧，若此二者不得，又何来觉悟？”

我们永远都不想知道的事情

上一节我们关注了人们暂时不希望知道的事情。那么，有什么事情是我们永远不需要或不愿知道的？永远不愿知道的事情可以归结为四类。第一类是我们觉得它们无关或不重要，而选择不去知道的事情。第二类是我们认为自己不知道会更好，而选择不去知道的事情。第三类是我们下意识不愿知道的事情。第四类是我们选择去知道，却发现不知道会更好的事情。

我们可以选择哪些信息是我们能够忽略的，哪些信息是我们懒得去了解的。举个例子，不用舍近求远，看看你自己对电子邮件过滤器、搜索引擎、网上信息源这类工具的选择吧。这些工具反映了你选择不去知道或过滤掉的事情。其中有些选择完全合理，比如，我们提前对信息有足够了解，知道这件事不值得下功夫去探究。但是并不总会是这样的情况，我们可能会觉得一个政治问题或健康问题与我们无关，直到后来才意识到与我们有关系，而那时已然太晚。正如我们在“我们比我们以为的更无知”一节中所见，我们必须得做出选择。因为我们的认知能力有限，而且由于知识爆炸和技术进步，我们现在要比我们的祖先筛选掉更多信息。

可怕的遗传性不定时炸弹

那些我们确实不愿知道的事与那些我们不需要知道的事，有何不同呢?有个由来已久的困境就是一个很好的例子。

一名超自然的信使带着一个密封的信封，忽然出现在你面前。信上面写了你自己的死亡日期和方式，你会打开看吗?说“不会”的人给出的理由通常指向了这个信息所带来的情绪上的厌恶反应，他们会希望为未来准备一些惊喜，同时觉得如果知道这件事会降低他们生活的乐趣。而那些说“会”的人则指向了知道的优势上，比如，能够计划何时退休，以及在他们去世后，怎样为所爱之人做最好的打算。这个问题同样也刺激了网络测试“死亡时钟”的传播，这个测试宣称能够在一些统计数据的基础上，预测出你的死亡时间。

比起死亡的可能性，眼下的问题是基因检测，它能把我们选择不去知道的倾向提到非常高的水平。此类情况中最痛苦的选择之一，发生在亨廷顿舞蹈症患者的后代身上。亨廷顿舞蹈症是一种致命的神经退行性疾病，尚无已知的治愈或预防措施，仅有极少的姑息疗法。最初症状是情感波动并丧失高等智能，之后会出现一些无法控制的运动，并最终无法控制任何运动。

亨廷顿舞蹈症父母的孩子有50%的概率遗传疾病。如果他们确实遗传了该病，那他们的每个孩子概率也是五五对开。然而，如果他们不是，他们的孩子则没有罹患这种病症的风险。这种结果之所以很糟糕，原因是亨廷顿舞蹈症通常在患者进入成年期很久之后（30岁或40岁）才会表现出来。换言之，这会发生在他们已经组建了自己的家庭之后。直到20世纪80年代，亨廷顿舞蹈症患者的所有子女还会等着看自己是否平安度过自己的

40岁。年轻人试图计划他们的生活，但这种不确定性极大地冲击了他们的计划。

之后，诊断亨廷顿舞蹈症患者的遗传标记的测试发展起来。测试相对廉价，可以对任何年龄的患者使用。并且，对有患病风险的人的早期问卷调查结果表明，他们对测试的接受率很高。让亨廷顿舞蹈症患者的后代接受测试的理由似乎是毋庸置疑的，但是在很多可以做此测试的国家，实际接受测试率却一直是很低的5%~20%，这是为什么呢？自陈式研究得出以下原因。

亨廷顿舞蹈症患者的后代会接受检测吗？

不	是
· 不知道的舒适感	· 可以计划是否生育下一代
· 对知晓的不可逆性的担忧	· 结果的好坏并没有极端的影响
· 对不利结果所引发相关后果的恐惧	· 关于保险的考虑

一项1992年的研究发现了一个额外的线索。相比于拒绝参加测试的人，那些选择参加测试的人会认为，无论结果是好是坏都不会对他们和他们的家庭产生那么极端的影响。这就是说，他们没有把好结果看得那么积极，也没有把坏结果看得那么消极。

如今，由于诸如保险等问题的出现，同意和反对参加测试的理由已经变得复杂。2008年的一项纵向研究报道称，对于那些在研究过程中参与测试的人来说，是否会损失投保险的机会是他们最关心的问题。同时40%以上的参与者支付了其他医疗服务费用，并向保险公司以及雇主隐瞒了他们的遗传基因。《柳叶刀》（*Lancet*）最新的一篇文章指出，在北美、英国和澳大利亚，几乎没有办法保护亨廷顿舞蹈症患者免受保险公司的歧视。美国 2009年颁布的《反基因歧视法》（*Genetic Information*

Nondiscrimination Act）规定禁止保险公司利用基因信息来确认保险资格、保险费用，或迫使个人参与基因测试。然而，这部法律并没有扩展到人寿保险、残疾保险或长期护理保险的范围。因此，这里有两个问题。第一个问题是关于每个人是否要为其决定参与测试与否承担责任。第二个问题是关于还有谁应当知道结果，同时他们对该信息可以做什么，不能做什么。

我们是否要对不想知道的事情负责呢

到目前为止，我们已经谈论了我们选择不去知道的事情。那么有什么事情是我们下意识地不愿去知道的呢？我们是否也要对它们负责呢？有论证表明，有些情况下我们确实应该负责。种族主义理论家查尔斯·米尔斯（Charles Mills）和女权主义理论家图安娜（Tuana）及吉尔森（Gilson）就是对此的例证。

米尔斯用了“白种人的无知”（white ignorance）一词，来表达白人对非白人存在着不知情的错误观念。在某种意义上，米尔斯指责白人不仅否认了白人的现实优势，而且不愿了解这些现实。简言之，白人不仅有元未知，而且会忽略他们的无知。图安娜对此的版本是她所称的“任性的无知”（wilful ignorance），它类似于米尔斯的想法，一种元未知与不愿知道的结合。图安娜和吉尔森的重点是男性对女性在性方面的无知以及男性对女性的暴力行为。在她们的报告中，男人也同时意识不到自己的无知，并且不愿为此做任何事情。

哲学家斯拉沃热·齐泽克（Slavoj Žižek）在之后的阿布格莱布监狱的丑闻中也提到了这一话题。在2003年末至2004年初伊拉克战争时期，美国军事人员折磨、强奸、鸡奸并杀害了关押在阿布格莱布监狱的囚犯。齐泽克

2004年的专栏中提到，唐纳德·拉姆斯菲尔德（Donald Rumsfeld）详述了安·克尔温的已知的已知、已知的未知以及未知的未知，但却没有提到未知的已知。

在之前“对无知的有效思考”的小节里，我将其称为“隐性知识”，并举了诸如如何骑自行车的生动例子。齐泽克提供了一个弗洛伊德的黑暗面版本，对他来说，这些都是“我们假装不知道的信念、假设以及淫秽行为，即使它们构成了我们公共价值观的背景”。

快乐悖论

最后，什么又是我们选择去知道但实际上不知道更好的事情呢？我们所有人大概都能想到具体的事例，但这些事情是否有分类呢？我们绝大多数人更喜欢找出我们经历背后的原因和理由，无论是好是坏。一些很有影响力的心理学文献支持这种想法，即总结消极的或伤心的事件能够帮助我们处理它并从中恢复过来。但积极的或令人振奋的一类事件又如何呢？2005年，提摩西·威尔森和他的同事发表了证明他们所称的“快乐悖论”（pleasure paradox）的实验，即总结快乐的事件会降低人们获得的愉悦感。

我们来看一个实验，实验员在图书馆给人们一张卡片和一美元硬币。一种情况是，卡片上写着比较随意的语句，如“微笑社会”以及“我们想促进随手行善”。在另一种情况下，卡片上则写着问题和答案，在那些语句之前多了一个问题。这时，卡片上写着“我们是谁？微笑社会”，或者“为什么我们要做这件事？我们想促进随手行善”。大约在每个参与者收到卡片5分钟后，就会收到测试，要求他们完成一个简短的情绪调查，其中包括在那一刻参与者的积极或消极情绪的自我评估，这个情绪量表同时也会向根本未收到卡片的人发放。结果是那些收到无解释卡片的人，要比收到有解释卡片的人和那些根本没有收到卡片的人心情更好。此外，收到有解释卡片的人与没收到卡片的人心情并无不同。

为什么有了解释，一件快乐的经历会变得不那么快乐了呢？威尔森及其同事的理论是，解释这一事件会使其不那么让人惊讶，这会降低惊讶所引起的情绪强度（无论积极或消极）。威尔森的团队更进一步，他们让另一个样本的受访者预测哪一种卡片会使收到的人感到更快乐。大多数的受访者预测，二者中，有解释的卡片会更令人开心。在这种情况下，我们的心理学常识会让我们误入歧途，因为解决我们对于积极事件的无知，并不会让它更令人愉快，而是恰恰相反。

在这节中，我们说明了我们永远不愿知道的事情的领域。我们给“愿意”做出了三种解释，有意识、无意识和第三者的感觉（即别人告诉我们“你不会愿意知道它”的版本）。

同时，在处理我们永远不愿知道的事情时，我们遇到了三个问题。其一，有些事情看似不重要或与我们无关，也许并非如此。然而，这个问题的答案当然不是试图了解更多。我们只是必须要做出自己的选择，并且在有必要且不算太晚的时候做好改变决定的准备。其二，一些事情因为过于痛苦可怕，还会反过来伤害我们，因此我们不愿知道。在一定程度上，我们也许要为我们的不知情负责。其三是我们愿意知道、但我们最好不要知道的事情，意想不到的积极事件就是一个反直觉的例子。有时候，想要寻求某个意外的意义，本身就没有意义。

对话：无知、即兴创作与创造力

迈克·史密斯（下称迈克）：尽管我们中绝大多数人都在努力和无知做斗争，就仿佛它是某种必须克服或消除的东西一样。但很多艺术家、作家及音乐家却将无知引入他们的工作中，他们并不去设法消除它，而是与其共舞。无知，包括偶然事件，都是创造力的催化剂。音乐即兴创作就是一个典型的例子，而它的原型是爵士乐即兴创作。

我们荣幸地邀请到了爵士乐手约翰·麦基（John Mackey）参与我们的讨论，来谈谈即兴创作的本质，它是如何使现场创作成为可能的，以及他是如何帮助学生走上即兴创作道路的。

约翰·麦基：我热爱尝试演奏一些强大而有力的东西，并把它变成激动人心的挑战。这就像在演奏现场产生了一个问题，然后你必须解决它。在绝大部分时间，人们都能解决它。但当然，有时会有惊喜。

其他一些让我感到很有意思的事情就是，协和音部分是为观众、为倾听者所准备的。它设置了一个预期旋律。是的，那么也就是说，当你听调式音阶时对一些音符很熟悉，就会期待音乐继续使用这些相同的音符。然后你打破了这种期待，对吧？因此在这一瞬间产生了紧张感。是的，它制造了紧张感，因为人们会想，“等等，我本以为我们在这个调上”。我是说，从听众以及表演者的视角来看，不确定因素造成了许多紧张和质疑的感觉。我喜欢你描述它的方式，因为随着我年岁渐长，我开始特别关注设定……

这并不总是正确的，但通常我喜欢“设定音调”，然后走出这个设定去看看另一个调是否合适。你知道的，大家都在这儿，我用与曾经用过的协和音相同的结构演奏，但在这时用了一个不同的调性，再看看我能将和弦解决到什么程度。

所以差不多就是大家都坐在这里听，而我在这里演奏，将二者结合起来。这样观众就会说“谢天谢地，他做到了”。接着你再去创作，之后两者间的差距就会越来越小。到了演奏时，它们之间的界线就变得更为模糊。这时候人们会觉得“哇，这音乐听起来很有力，但有些东西也很不可思议”。我发现这更令人兴奋，因为这是对调性的微妙处理制造出了紧张感。而不是说，这是协和的，那是不协和的。因为这两者之间的差距并不是那么细微，所以我越来越多地尝试着，在和弦内音和外音之间按照百分比缩小差距。

迈克：所以，单独创作一段音乐和即兴创作之间的差别很大吗？还是它们的过程比较相似？

约翰·麦基：你确实提出了一些相当好的问题。如果我能开始教授即兴创作的话，我的方法就是和每个人说：“你在创作，当你即兴创作时，你就是作曲家。”当然正如你提到的，创作有各种不同的方法。你可以坐下，说：“好的，我要写一段音乐。这样我就能把这个媒介放在舞台上并用它来即兴发挥了。”当然，我后来或者说近来，尤其是近五年来常常在不知道自己将演奏怎样的音调的情况下继续演出。我会与观众对话，跟他们说接下来是什么。我会说："我们将为你们演奏一段F小调的巴萨诺瓦（一种新派爵士乐）。"他们会说："好。"于是我就会打拍子"1、2、1、2、3、4"，我们就这么演奏。

所以说我的工作就是创作旋律，它可能是"boo ba an boo dah ah ah ha"，这正是我曾经演奏过的一段旋律。然后我会将其用作模板旋律，这样我们之后所有的即兴创作都会基于最初的这个。所以这就是现场即兴创作与坐下真正写一首你愿意演奏多年的曲子的不同。

迈克：我认为，或许回到安·克尔温关于已知和未知的矩阵，也是结束今天访谈的不错选择。在这个矩阵中有一个表格是关于隐性知识的，即我们不知道自己已知的知识，很多时候我们实际上想要使隐性知识显露出来。但是对于我来说，在爵士乐上，你似乎在做相反的事。你在尝试做的事情是使人们的显性知识变得隐性，这样人们就可以在这种创造性的情境中利用它，你想对此简要讲一下吗？

约翰·麦基：当然，我可以讲讲我的童年吗？因为它或许可以在某种程度上回答你的问题。我从小在家庭中的音乐熏陶下长大。因此在很小的时候，我就对音乐是什么有了很好的领悟力。

我有意地每天听很长时间的音乐，因此在我十岁得到一件乐器的时候，即使我还不知道这声音是什么，却已经在演奏它了。我听到了它是什么，然后我学习，并从不同层面理解它。所以说我将理论与听觉结合，并在之后有意地练习所有这些曲调和想法，然后将它们放入潜意识中以忘记它们。

因为每当你开始思考一些本应凭直觉做出判断的东西时，就会有种受到阻碍的感觉。这就像是开着一辆手动挡汽车行驶在路上，而你试图向一些人解释换挡时的各种微妙协调。你知道，如果你真的开始考虑这个，那你这一路就不能好好开车了。这就有点像你在即兴创作时的感觉，一旦你开始细想，就会卡壳。而你能听出花费数千小时练习的人，与仍在继续为使音乐达到完美而努力的人的区别。

而我仍然继续努力试图进入下一层次。有趣的是，你知道得越多，就越意识到你的无知。因此，我发现越通往下一层次，试图弥合这一差距就变得越发困难，因为你正在不断把自己推向极致。

迈克：你可以再多说一点吗？对你来说下一层次是什么？你可以讲讲为什么了解越多就会意识到越无知吗？这在你的领域是怎样表现的呢？

约翰·麦基：当我拿起乐器时，这实际上就像是我手指的延伸。它有点儿像一个转换器，有点儿像你手指的变形，这就是我对它的感觉。因此为了进入下一层次，我尝试运用我的音乐想象力，并演奏出我所听到的东西。如果我做不到，我就会坐下来直到我能做到为止，所以我仍然在努力做到极致。为了做到这点，我仍在试图关注其中的美感。我曾在多年间因为演奏无数乐曲而获誉。但是当人们以为我现在还是这样时，我会有点儿失望。因为我的演奏真的在好多方面变化巨大，我正在试图以更优美的方式运用我的技巧。

它大概跟两个层面有关。我将其与我自己研究的原理及我试图为自己寻找到的事情联系起来，然而我也将其直接与我多年来的几个偶像，即约翰·柯川（John Coltrane）和麦克·布雷克（Michael Brecker）联系起来。他们可能是我最大的灵感来源。因此我总在尝试发现他们在做什么并试图在我自己的演出实践中做出相同的事。但这将是一生的追寻，而不是那些我能在几周内学会的东西。因此，我顺其自然。

但是实际上，我经常对我的学生们说，我觉得自己已经学会很多知识，但是我知道仍然有很多要学的。我真的愿意这样做，我永远不会满意自己所做的那些。因此我将不断在指间寻找下一个目标。我觉得这就是我所谓的，我所知的越多，就越意识到自己的无知。我想对此的另一个层面的解释就是，我需要学习理论知识。但当然，实际上将新理论应用到你的乐器上可能才是最大的挑战。

举例而言，我们可以根据音阶中每个音符下的四音和弦，从结构上探索包含在C大调音阶中的音符 C、D、E、F、G、A、B、C。但我偶然发现了一点，这实际上是我在实践中的一个失误，就是我在实践一个特定结构时多弹了一个音符。这样一来我实际上弹奏的就是五声调式，即每个音阶中有五个音符。但我是从大调中的每个音符开始弹奏那些特殊的音阶的。因此其中就会有内在的不协和，因为每个音符都有自己的音调，但它们同时又在一个C大调中。因此就有了这些内在的不协和音和不同层次的不协和，我就是这样试图把它变为一个教学平台的，而不仅是实践媒介。

迈克：这真的很棒。

约翰·麦基：是啊，谢谢你们的邀请。很感谢这次机会，已经有好一阵子没能坐在这里跟你聊聊了。

认知的代价可能很昂贵

我们已经讲过几种获取知识的成本，获取知识需要花费时间和精力来搜索和加工信息，因此我们严重依赖于事先整理过的第三手知识。我们还发现暂时和长期的无知都有许多诱因。事实上我们已经知道，当涉及娱乐、学习和发现、创造力还有个人自由时，暂时性的无知会对我们造成重要影响。我们也了解到我们有正当的理由来决定，那些我们永远不想知道的东西。

但认知是否存在着其他代价，使我们的天平最终倾斜向无知？的确存在，接下来我们将就此进行探究，首先，我们需要一些概念和区别，来帮助我们理解这些成本。

也许最重要的区别是在认知者的认知成本和他人的认知成本之间。得到自己基因编码序列的花费，对许多发达国家的人来说都负担得起。但随之而来不可避免的则是，发现那些基于遗传基因的各种疾病和意料之外的风险。有些发现可能会让你非常痛苦，但这些发现不仅对你适用，对你的血亲也同样适用。《基因组医学》报道的一项针对285名病人的研究揭示了25项所谓的偶然发现，其中一部分对病人和他们的家庭带来了巨大影响。

那么让我们区分一下三种成本：

1. 机会成本
2. 交换成本
3. 不公平

前两项来源于经济学：机会成本和交换成本。第三种成本与经济无关：它是不公平。

机会成本

机会成本是指我们选择其中一项，放弃其他选项的潜在益处而产生的成本。如果你选择参加一场音乐会，但会错过一场舞台剧的最后一次演出，那么错过舞台剧就是机会成本。可以这样说，许多决定都会产生机会成本，特别是那些不可更改的决定。要说明的是，信任者（trusters）可能比契约者（contractors）更容易受到伤害，但他们也享受到了更多的机会。基于信任的关系相对于基于契约关系的优势之一，就是被信任的一方会更自由地发展其他关系。因此关于义务是否被履行或者承诺是否被遵守，尽管契约有着更多的内在信息和保证，但也会将契约者限制在这一关系内，并以禁止建立竞争关系的方式来规避机会成本。

交换成本

交换成本是参与到市场中所需要付出的成本，它包括了获得相关信息、谈判或是讨价还价，以及执行契约协议所花费的时间和精力。在这里我要讲三种交换成本，分别是：因我们认知事物而带来的负担；由新知识引起的令人不快的无知；新知识对一个人关系、角色或是状态带来的不必要的改变。

通常情况下获取新知识的交换成本是义务、责任、甚至是苛责，因此我们会被道德所驱使。经理发现自己手下会计师在挪用银行款项，如果不向当局报告就会成为帮凶。见习医师诊断发现自己的病人患有一种可以治疗的疾病，要么遵循医者誓言亲自治疗这名病人，要么将其转到合适的专家处接受治疗。

当我们不想为一件事或是它的后果负责时，我们会否认自己之前知道它。正如丹尼尔·蒂尔在他的文章《犯罪无知》中所指出的，对结果的忽视以及对动机的否认，是人们歪曲和逃避道德及法律谴责的重要工具。在各种组织和机构中，这类无知和否认已经成为一种文化。根据世界范围内在学校和天主教教区发生的教师或是神职人员对学生和教众性虐待的调查结果就存在着这样的案例。比如，2014年4月23日，圣保罗大主教宣称对绝大多数儿童性虐待问题不知情。

但有些机构也有可能走向另一种极端，坚持无知也应罪无可恕。相关的案例是《英国医学杂志》在2001年做出的决定，禁止“意外事故”这个词出现在其页面上。其编辑对这次改动的解释是，大多数伤害和相关事件是可预测、可预防的，因此总要有人对此负责，他甚至将雪崩和地震都囊括在内。显然意大利法庭也是这样想的，它定了六名地震学专家和一名政府顾问的杀人罪，认为他们要为意大利自然灾害负责。法庭判决他们没有对2009年的拉奎拉地震做出有效预警，七名被告被判决服刑六年。

另一项普遍的交换成本源于新知识的获得，导致了新的令人不快的无知。最好的例子就是与“知识爆炸”同时出现的“风险爆炸”。这要归功于飞速发展的医学、环境学以及其他科学知识，当然还有网络和大规模的信息交流，现在的人们才比50年前的人们了解更多的风险。富有影响力的学者和评论家，如安东尼·吉登斯（Anthony Giddens）声称，我们今天面对的许多不确定性，正是由人类知识的增长而产生。吉登斯和乌尔利希·贝克（Ulrich Beck）等风险理论学家也表示，发展——尤其是科学技术方面的发展——带来了未知的风险，其结果是全球性的，并且不可能预测。

可以预见的是，新知识可以产生我们不希望看到的不确定性。关于这些知识是否应当被掌握，这样的问题也随之浮现。如果应该，又应该由谁掌握？例如，1918年流感病毒（也就是所谓的“西班牙流感”）的全基因组序列，是否允许让它复活？这种病毒在1918年到1919年的致死人数在2000万到1亿之间，假如恐怖分子得到了这种病毒呢（回头我们将详细考察这种两难问题的辩论）？

关于基因组测序结果带来的负面影响，已经在基因学家、医学从业者、伦理研究者以及围观者之间引发了激烈争论。在特定基因和某种疾病风险之间的联系还没有被清楚发现前，或者由于环境因素产生了偶然结果，如果此时就让基因测序的参与者获取他们的测序结果，那么，人们认为将这种信息带来的负担，加之于参与者和他们的家庭是不负责任的。而且总存在这样的可能性，即被认为是风险的信息最终被发现是错误的。当亚历山大·蒲柏写下“半知半解是件危险的事情”时，他永远也无法想象涉及现代危机的错误处理时，事情会变成什么样子。

美国好运来公司生产的丁酰肼是一种美国苹果种植者一直使用的农药，1989年该公司发布了一份研究表明，暴露在高浓度偏二甲肼（一种在丁酰肼中含量为1%的化合物）中的啮齿动物肿瘤发病率升高。自然资源保护协会将这一发现进一步外推，并声称暴露于丁酰肼中的每4200名孩子就会有1名将在6岁时患癌症。这份确定的报告严重摧毁了苹果种植业，他们请求美国好运来从市场上撤回丁酰肼，公司当年的确这样做了。两年后（美国）国家环境保护局的科学家通过进一步研究，将风险值修正为1/250000。《科学》杂志1991年的一篇文章写道：“一个新闻机构在没有做最基本的可靠性和证据检验的情况下，对一种针对特定利益群体的可能致癌物明显不确定的结果进行了夸大其词的宣传。”

知识的第三种交易成本是关系、状态或是角色的改变。即使是获得知识这一行为也会带来这样的成本，因为有些关系在一定程度上就是建立在关于哪些信息是“禁区”的共识之上的。

假设到目前为止，你的老板给你的工作自由度很大。他允许你以自己的方式完成任务，而且截止日期也是灵活的，很明显他信任你。但是现在他通知你，将会每天检查并评估你的表现，你被要求对你的工作以及工作方式，还有你对工作站的使用信息记日志，网络使用也会被自动记录到数据库中。

你对你和老板的关系会有什么感觉？你可能会觉得他不再信任你了。基于信任的关系中包括一个无知协定，它事实上要求我们对信任的人放弃第一手信息。我们通常只信任非常了解的人，然而事实是，对于相互信任的人，是不会时时监控对方的，也不会要他们解释每一个举动。当他们坚持要监视时，他们所表现的就是他们不信任彼此。

不公平

最后让我们谈谈不公平。不公平的例子包括分配不公平、程序不公平和对权利的侵犯。竞争中的公平性，刑事审判的公正性，以及隐私权都要求对无知协定的认同，即详细指定哪些信息是禁止了解的。因此投资市场中的内部交易违背了分配公平的准则，因为内部交易者相比于他们的竞争者有着不对等的优势。在获取知识的过程中，程序公平和保障人权的准则可以在法律中看到，当通过严刑拷打、非法侵入或诱捕手段获得法庭审判证据时，这些法律认为法庭证据是不可接受的。美国国家安全局监听无罪公民和同盟国政府官员电话的案件，被普遍视为违反程序正义甚至是对人权的侵害。

在这一节里，我们探索了获取知识的几种成本，它们使偏好的天平倾向于无知。它们包括机会成本、交换成本和不公平。我们可以发现成本不仅影响认知者本人，也作用于其他人。新知识获得的这一行为会使我们瞬间变得有罪并揭开隐藏的未知和风险，与他人的关系会发生变化，也可能导致不公平。现在你应该很熟悉，关于保密、隐私、具有所有权的知识，以及获取和传播知识方面的公平性的考虑，是当今世界上一些影响最为深远的法律、制度和公开辩论的基础。

对话：选择困难与优柔寡断

迈克：选择困难和优柔寡断，就是不知道怎样选择。为此我决定请教专家斯蒂芬·唐（Stephen Tang），他与我在这里的对话是非常有趣的。斯蒂芬·唐是我的一个博士研究生，他研究的课题是选择困难（indecision）和优柔寡断（indecisiveness）。关于这两个题目他比我知道得更多，因此我会让他来担任主讲。

那么，斯蒂芬，到底是什么让你对选择困难和优柔寡断产生兴趣呢？

斯蒂芬·唐：谢谢迈克。在学习决策心理学时，我对选择困难和优柔寡断渐渐产生了兴趣。很快便发现我们都是相当糟糕的选择者，至少在传统经济概念上，我们很难算得上理性。我们想要什么，又或者怎么才能让自己快乐，我们都不太了解。

然而大前提是，假设我们是绝对满意且拥有选择权的，某种程度上，选择是即时和不费劲的，只是我们选择后的结果往往不那么理想。我认为这种看法忽略了做决定可能是很困难的，而且人们可能会不愿意去做出选择，尽管他们喜欢“选择”这个概念。

我受临床心理学训练的影响，开始研究选择困难和优柔寡断，当然也由于我个人的经验——我做决定真的很差劲。

决定研究前，我以为研究了选择困难和优柔寡断，便会学到克服自己难以做决定和选择的诀窍。但研究开始后我便改变了想法，又或者我还未决定该怎样做。

迈克：让我们迟一点再回来谈这个问题，选择困难和优柔寡断有什么分别呢？

斯蒂芬·唐：选择困难是对做出决定感到困难的当前经验，优柔寡断是指总是难以做出决定的倾向。但在实际应用中这两个词汇常常混淆，通常它们都被视为同义词。但我的看法是，选择困难是一种直接的心理状态。在极端情况下，这是种负荷不了和瘫痪的感觉。你感觉束手无策，同时有着烦躁、沮丧和受压的情绪。此外还有自我怀疑和批判的内心嘀咕，你越是无法选择，那内心嘀咕越是大声。这可能是一个改变命运的重大抉择，就像要决定是否该维持一段关系，那是种漫长而揪心的过程。选择困难也会发生在比较寻常的事情上。例如，你在超市里，突然发觉花了太长时间去选择早餐食物，购物篮里却仍然什么都没有。因此对我来说，选择困难不单是下不了决定，更包括了某种主观或心理上的困难经验。

优柔寡断则是人性格的一部分，但不只是选择困难的一再重复。它还牵涉到对周围环境的检视和审视迫在眉睫的决定。选择被视为具有破坏性、威胁性，是强加于自己的重负，你会觉得无法负担。优柔寡断的人往往对那些迫在眉睫的选择特别敏感。因此，优柔寡断可被解释为把决定转嫁于人、拖延决定、甚至提前做出决定，从而成功避免选择困难的状态，这未必是坏事。但当要认真做决定时，过分的优柔寡断，反而会深化忧虑感和选择困难的负面体验。

迈克：你们为什么会认为选择困难和优柔寡断是病态呢？

斯蒂芬·唐：当然有充分的理由把选择困难和优柔寡断归入病态，但也许我们可以把问题反过来问，为什么我们觉得决断力那么重要呢？至少从亚里士多德那时起，决断力一直被肯定为极其重要的个人素质。对很多哲学家而言，这是由于决断力揭示了我们的性格，亦是通往善良而丰盛人生的踏脚石。因此未能抉择或优柔寡断便是意志不够坚定，不能生活得充实完满，也不能承担自己的生活和社会责任。

不过有趣的是，决断力这一美德，并不会过多影响我们选择的结果。正如笛卡尔的忠告所言，要养成即使是错也要果断和坚决的习惯，即使你选择得很差，也坚持你的选择，并继续选择下去。这听起来有点奇怪，但其背后的理由是，决策是一种后天习得的行为。随着时间推移，它塑造了你和你的世界，所以别让坏结果妨碍了良好品格。

现如今，至少在西方社会，我们对做出决策有着一套不同的观念和心态。现在是更注重后果，决断力在经济学用语里被包装成最大化即时产出和收益。因此选择困难就是错过机会、失去优势。犹豫的代价是高昂的，犹豫不但会令你失望，也会令社会失望，因为你并没有达到你该有的高产和高效。

迈克：那么在临床病理学中，选择困难和优柔寡断，是否是一种精神苦闷，甚或是一种心理障碍？

斯蒂芬·唐：这真是有趣的问题。就目标和结果而言，选择困难会构成轻微的道德恐慌。相比之下，临床心理学和精神病学所持的态度则谨慎许多。即使在《精神疾病诊断与统计手册》里，优柔寡断只被列为少数精神障碍的非主要症状，诸如抑郁症之类。优柔寡断本身并不被看作是一种病症，从来不是，也不应该是。可是另一方面，几乎没人在意为因选择困难而受苦的人进行心理治疗。对帮助那些为做决定而挣扎，以致生活和身心健康深受其害的人，我认为我们可以做得更好些。

迈克：那什么时候，选择困难才算是一件好事？

斯蒂芬·唐：如果我们对比选择困难和它的相反行为——冲动决定或武断决定，我们便会觉得选择困难未必是件坏事。要知道“decision”这个词的词根，是拉丁语动词“切断”的意思。做出决定在获取其效益和成果时，也意味着断绝了其他可能性。有时候我们会想暂时保持选择的余地。举例说，艺术家、作家和音乐家，常常把本来简单或不需要动脑的选择理顺开来。通过保留着种种可能性，他们可以把事物变得意想不到，变得美丽。因此创作力往往涉及深入探讨各种可能的不确定性，而不会让决定抹杀任何可能。

又或者说，我们真想要生活在一个任何事都要立即决定，而且不容错误、体验或修正的世界吗？想象一下如果要这样去选择终身伴侣，又或者去选择一份职业，甚或一个发型，那将会怎样？

迈克：你提出了两种理解选择困难的途径：第一是关注决定后所得的可能结果和必然后果；第二是关注做决策的人。如何区分这两种途径呢？

斯蒂芬·唐：如果从结果和必然后果这两个方面去看一个决定，那么在衡量、比较和预估现有的选择时，我们便会在其困难和所需的努力中看到选择困难。选择困难是为达至最佳决定所做的抗争，那是一个有待解决的信息难题。想想买一辆新车的过程，要比较各种特点，如省油量、安全性和排气系统，当然也要考虑价钱，这可真困难。或者也可能是情感上和美感上的追求，想象一下以后几年，你驾着这辆车与另外一辆比较，哪一辆会让你更快乐呢？

无论哪一辆，都是你做出选择后的可能结果。如果有许多类似的车给你选择，你就更可能会选择困难。这就叫作“太多选择效应”（too-much-choice effect），但这也展现了你个人处理复杂信息的能力，你是个完美主义者吗？还是会满足于“够好”的选择？

迈克：选择困难的另一种见解又是怎样？

斯蒂芬·唐：另外一种观点，我们可以把做出决定视为一个心理事件。我们经常徘徊于决定之间，大部分时候更会戴上决策人的帽子，对选择尤其留意。有时候仅仅身为决策人就很有压力。冷静地衡量两个互相矛盾的可能性是一回事（就像要决定买一辆可负担但丑陋的车，还是买一辆漂亮但却负担不起的车一样），感到矛盾则完全是另一回事。

在这种情形下，选择困难不再是为了取得最佳成果，而纯粹是为了完成这一个决定。你是否试过在餐厅里，对着菜单有着不同程度的选择困难，甚至是选择恐惧症？据我个人经验，有些时候，其实你并不介意食物美味与否，结果并不重要。你只想做出选择，什么东西都好，总之选择完了便好。

最后，对此还有一个社会层面的理解。我们可能会怀疑自己选择的能力，又可能会顾虑别人对我们的看法。假如我们已经有点优柔寡断了，可是又不想在别人面前显得更优柔寡断，然后我们把原本该用来做明智选择的机会，改用来让自己看上去更果断，可能会适得其反。

迈克：回避决定相对于拖延决定，是两种不同的选择困难吗？

斯蒂芬·唐：拖延可被视为一种回避，它们有很多重叠的地方。但我觉得能专注解决拖延或回避的内容，对我们会有帮助。回避决定的意思可以是彻底地避免了“决定”这个行为。这可能是由于你完全不想去做决定，也可能是你觉得自己不懂怎样去做决定。决定是需要勇敢正视的，因此你会尽量不去参与，并提前躲开。

至于拖延，是你已经身处要做出决定的情境里。在某程度上你已经参与其中面对着选择，你可能只需要多点时间去思考复杂的信息，又可能因为你是决策人而感到恐惧或气愤。此时矛盾本身和感到矛盾，会让你拖延更久。另一个可能是你由此削弱了自己的决策能力。有充足的证据证明，我们的决策能力就像肌肉一样，重复地做选择，会对我们有限的脑力需求太多，决策能力便会暂时被耗光。这被喻为“决策疲劳”（decision fatigue），往往会突然发生，也会以延缓决策或做出坏选择的形式出现。

迈克：你认为有关选择困难的主流理论缺乏什么要点呢？

斯蒂芬·唐：我觉得是人。有关选择困难，我们对待的并不是计算机或运算程式，而是有很多不同层次的个体。不单是一台不完善的信息处理器，同时还拥有着过往的经验、即时情绪和不同身份。我认为我们需要好好地理解社会和规范对决策的影响。对于决断和优柔寡断，我们有着什么信念和价值观呢？我们不应假设所有文化都跟我们西方文化一样，对决策抱着同样的心态和准则。

迈克：最后，通过研究，你对自己的优柔寡断有什么了解呢？

斯蒂芬·唐：我学会了更开放地去欣赏自己的选择困难和优柔寡断。我认识到它们并非常常都是坏事，我想我对它们已变得更好奇和更坦然。一些与人有共鸣的事物，确实是很好的研究题目。因为大多数人都觉得自己做的决定比实际上更差，人们好像都宁愿承认自己优柔寡断。部分是由于要减轻因为表现果断所承受的社会压力，亦是由于要摆脱作为决策者的重担。我的研究显示了一点，过分高估决断力和害怕优柔寡断，只会使决策更加困难，也会使人更容易基于错判的理由去做出选择。因此在开始决策时，我认为我们可以选择考虑决断，亦可以选择考虑犹豫，那样会好一点。

我们加诸他人身上的无知

到目前为止我们已经考察了无知以及无视的动机。我们一直专注于利用我们自己的无知，现在来看看我们是如何将无知强加给别人的，以及我们和其他人对无知的利用。

无知作为“社会建构”最直接的方式，就体现在人们将其施加给他人的过程中。通常来说，利用无知给其他人施加影响，会给人一种带着险恶动机的有害行为的印象。这是非常容易理解的：这个世界存在着无穷无尽的不道德的隐秘、谎言和犯罪，这些都被那些更强大的人隐瞒在黑暗中。向有知情权的人们隐瞒信息，至少是专横的行为，而对他们撒谎则更为过分。

我们对隐瞒和欺骗的不对称态度

尽管我们痛恨被隐瞒了信息，且更加痛恨被骗，但我们自己却常常进行隐瞒和欺骗，因此就出现了强烈的不对称：我们不喜欢被隐瞒，但却十分期望能瞒过别人。并且隐瞒信息或撒谎的人通常认为，他们的行为在道义上是正当的。我敢说我们中几乎所有人，都曾经因为相信自己出于善意而至少暂时隐瞒了一些事实或者撒了谎，我肯定有过。既然有了这些观察结果，那么就算发现这种支持隐瞒甚至欺骗的社会规则就不会惊讶了。我们先从隐瞒或选择性遗漏信息的规则开始，然后再谈谈明目张胆地说谎的规矩。

我们以一个没有争议且良性的社会规则为例，比如以提供称心如意的活动为前提而暂时隐瞒信息：即创造令人愉快的惊喜。收礼物、看电影、读小说这些活动，都可能会因为某些浑蛋剧透而破坏乐趣。社会规则要求我们不能向收礼者透露彩纸包装好的生日礼物，也不能给没看过那个电影的朋友剧透结局是什么，于是在知情者和非知情者之间存在一个协议。大部分人都希望自己的生日礼物能是一个惊喜，也不希望在看电影之前被告知它的结局。我们希望其他人能尊重这种意愿，恰当地使我们处于黑暗之中。

信息隐瞒和保密的规则

信息隐瞒的规则通常为特定目的而设立。在对人类和其他动物的实验研究中，在盲测实验中能看到这样一个例子：被试是“盲”的，他们不知道自己到底被置于何种实验环境下。比如，他们到底是被测试新型特效实验药剂还是无效对照剂？而实验人员同样是“盲”的，他们不知道每个被试者到底被安排在哪种实验环境之下。通过这种方式就可以避免他们因为疏忽而在被试者面前露出马脚。把实验人员也蒙蔽掉的想法可以上溯到克劳德·伯纳德（Claude Bernard），他是19世纪法国伟大的生理学家和药理学家。双盲实验是一种同时满足这两种条件的实验。

实施选择性无知的规则和条例广泛存在于普通社会生活中。很多职业不仅需要特别的知识，还需要特定的无知，即由其所处角色决定的对特定信息接触的管制。关于这点，一个著名的例子就是军事上“按需知密”的概念。即使拥有相应安全许可的成员，也必须在执行公务时要求给予相应的信息获取权限。同时当这些规则不能再有效运转时，人们和组织可以修改或调整它们。2001年9月11日的袭击就把这种困难暴露了出来，这是由于美国情报人员严格的“按需知密”文化产生了分隔明显的信息孤岛，“9·11”委员会建议，让情报界的“按需知密”文化，向“供应责任”的方式转变。这个提案在2004年的情报改革和防范恐怖主义法中得到落实。

保密是有关信息隐瞒的另一个社会规则，它以道德禁令为前提，人们被要求同意对信息保密，相当于肩负了一种不向其他人泄露信息的责任。有时，保密会与其他道德准则相冲突。研究者或记者想要采访瘾君子有关吸食海洛因的情况时，会希望确保被访者身份和信息的保密，毕竟被访者将承认违法行为确有其事。但如果一个被访者揭露，他们故意向某些人传染丙型肝炎呢？防病原则会强迫采访者履行向有关部门举报这个罪行的义务。

有关隐瞒信息的道德原则也会同法律相冲突。回到研究者或记者身上来，如果法庭要求提交研究者的资料或记者的录音带呢？我工作大学中的人文研究道德委员会，禁止研究者向研究对象做出绝对保密的承诺，他们只能保证“在法律允许的范围内保密”。

有关选择性无知的道德禁令大量存在于儿童教养方式中。负责任的家长不得不处理类似孩子们到底该知道什么和不该知道什么，或者至少什么时候该知道这类问题。这种问题长期存在且十分平常，但它仍然可以成为伦理和道德上的雷区。比如，孩子们什么时候才应该了解生殖的知识？什么时候该了解非法毒品？再举一个让人痛苦的例子。咱们再回头来看那些小孩子们的问题，他们的父母之一罹患了遗传性疾病，如亨廷顿舞蹈症，即使我们承认那些孩子应该接受基因标记测试，来检测他们是否被遗传了该疾病，那什么时候应该告知他们检测结果？5岁？10岁？ 2010年一则新闻报道了乌干达的政策草案，该政策建议，对出生呈HIV病毒阳性的儿童，应在他们10岁时告知其病情。这个政策理所当然地引起了激烈的争论。

撒谎总是不对的吗

现在我们再了解一个更危险的情况：提倡撒谎的社会规则。市面上有非常多有关撒谎的哲学著作，大概最知名的应该是西塞拉·博克（Sissela Bok）于1978年发表的经典著作。博克在关于欺骗和骗子的问题上采取了一个相当严厉的立场，最终推出了谎言极少具有正当性这个结论。毕竟，设想在一个谎言遍布的世界里居住，会是什么样的呢？我们无法信任任何人以及任何言论，甚至连不顾伦理道德的实用主义者也反对说谎，他们承认，若得不到认可，那么撒谎是很冒险的，而且也会被揭穿——一个人的声誉会遭受不可弥补的损害。

然而在一些情形下，撒谎不仅非常普遍，而且也得到了认可。最明显的例子是，存在于竞技比赛、战争冲突以及其他激烈竞争环境之中有效的谎言。比如，纸牌游戏中的虚张声势，球类运动中的假动作，以及在打仗时给敌军散播虚假情报。这些都足以说明人们认为撒谎是正当的，并且对此有所期待。正如社会心理学家 W.P.罗宾逊（W.P.Robinson）说的那样：“竞争局面越是激烈，排名越是重要，欺骗越容易成为规范或是需求。”

因此骗子甚至还能成为浪漫主义的英雄。骗子英雄包括，需要佯攻的比赛运动员、智胜对手的军事指挥官和间谍、有多重神秘身份的超级英雄、能识破诡计却也会诈骗罪犯的侦探，甚至还有成功行骗的高手。比如弗兰克·阿巴内尔（Frank Abagnale），他在26个国家里成功地用假支票骗取了超过250万美元，还冒充过商业航线的飞行员、医师、律师和教师，著名电影《猫鼠游戏》就是以他的经历为蓝本开发的。

总的来说，有证据指出，一个广泛被认可的观点是，通过删减来隐瞒信息并不像撒谎那样严重（或至少没有那么高的风险）。例如，伯贡（Burgoon）、卡利斯特（Callister）和亨塞克（Hunsaker）在1994年进行的针对医患互动中，模棱两可或删减省略与弄虚作假相比的研究发现，大约85%的参与者承认自己删减过信息，但只有34%的人承认弄虚作假。同样，布朗（Brown）和莱文森（Levinson）在1987年针对礼貌的开创性研究指出，打算彼此礼貌相待的人，会尝试用模棱两可或似是而非的方式应付对方。换句话说，他们会在直接曲解或欺骗对方之前采取委婉礼貌的态度。尽管如此，撒谎已经足够常见，足以说明我们中很多人为了从中获得好处而愿意冒这个风险。除了一些更明显的动机，比如，恐惧和贪婪之外。还有一些支持正义的谎言的论据，这些观点并不像“在爱情、战争和足球中，一切都是公平的”这样的见解如此显而易见。

家长们常常需要面对是否应该对他们孩子撒谎的问题。他们可能相信某些谎言最符合他们的孩子的利益，应该引导孩子们相信圣诞老人吗？如果答案是应该，那孩子们应该在何时及用何种方式来认识到其实他并不存在呢？哪怕只允许一个孩子相信圣诞老人，那复活节兔子和牙仙就需要谎言来进行心照不宣的串通。但很多富有责任心、出于善意、爱自己孩子的父母会更进一步去主动维持这些幻象。事实上，家长撒谎的现象非常普遍，而且远远不止是圣诞老人和牙仙，在“政治不正确育儿法秀”（Politically Incorrect Parenting Show） 2010年第三集，以及在2013年出版的书籍中，纳吉尔·拉塔博士（Dr. Nigel Latta）以坦率地讨论利弊为目标对父母的谎言进行了探讨。有趣的是，这项工作很少受到研究育儿实践的研究人员的关注。2009年的一则新闻报道了多伦多大学的研究，考察了父母们如何对他们的孩子撒谎以及这么做的原因。家长们使用的最普遍的理由是，为了对孩子的行为和情绪状态施加影响。

说谎者的力量比目标人物越强，说谎言所冒的风险就越小。政府惯于向它们的选民撒谎，公司也惯于向它们的客户撒谎。在这些组织内部从不缺乏对于这些欺骗行为的正当理由。当受到威胁时谎言的作用尤其显得有用起来。菲利普·奈特利（Phillip Knightley）于1975年出版了经典著作《第一个受害者》（*the First Casualty*），这本书的题目取自一句古老的谚语“真理是战争的第一个受害者”。菲利普·奈特利揭露了从美国独立战争到第二次世界大战以及其他战争中，美国人的伤亡数量被极力缩小而其敌人的伤亡数量则广泛被夸大的真相。败仗被宣传成胜利，有些战役或战斗完全被掩盖，而不存在的却被大肆详细报道。出于对敌人的优势以及维持士气的要求，审查和保密行为被正当化。直到最近，随着互联网社交媒体用户的出现，民众才能联合起来对抗官方媒体对战争的报道。另外，认为公司会不断地对它们的客户和政府说谎的观点，已经普遍到产生了一大批有关的书籍、报道、纪录片和博客文章，当然还少不了相关的诉讼。

在这一节中，我们考察了有关信息隐瞒和撒谎的规则。为了信息隐瞒而构建起来的规则，相对于撒谎的规则有更大的可能是在利益相关者之中形成的多边协议。个人隐私、不被剧透的电影结局，以及让人惊喜的礼物，就是在信息隐瞒方和被隐瞒方之间的多边协议。

另外，保密则是单方面的行为，通常不会为被隐瞒信息的一方所接受。我们还看到有一种正义的谎言，不过其使用的环境被严格地限制了。在高度紧张的竞争局面如战争中，深信敌人也会如此对待自己，这其实不是一个典型的道德准则的例子。

再如，当他们准备以给弱势一方提供保护或安全为理由，将隐瞒机密或讲述谎言的行为正当化的时候，就会产生一种潜在的傲慢和目中无人，甚至反人类的可能。然而，谎言和机密是无知的构建方法中最常用的方式，一旦理解了这点，你就会明白，我们如此无知并不是这个世界造成的，而是我们自身对待彼此的方式所产生的结果。

无知和复杂问题：合作的实践性

在这一章中，我想讨论一下合作的实践性，复杂问题需要合作解决。一般来说，复杂问题需要由不同专业的专家，久经复杂问题考验的利益相关者们，以及那些被认为有责任处理这些问题的政策制定者和参与者们合作面对。我倾向于认为合作就是利用和管理分歧，所以，当你要让一些团队在一起工作时，你希望能结合不同的技能和特征，利用团队之间的差异促进合作。你希望能解决掉那些妨碍合作的分歧，我们都要面对好的和坏的分歧。所以当我们合作时，我们需要利用好的分歧，处理好坏的分歧。

让我们先来看一些好的分歧，比如思考一下无家可归的问题。当你研究无家可归这类问题时，你希望能把所有不同的角度都综合起来，可能是心理学家、人类学家等不同学科的专业视角，也许你还想要整合那些从事相关问题工作者的想法，也许你想要知道应对无家可归问题的政策制定者的想法，还有无家可归者自己以及他们家人的想法。这些差异就是有益的，你希望能将它们组合到一起，你还希望能让不同层面的专家们一起合作。另一个好的差异是，如果你想要让某件事全天候运转，那么团队内成员就最好有不同的时间偏好。有些人喜欢早上工作，有些人则喜欢晚上工作，这样你就可以根据人们的时间偏好进行交错安排，这是利用这种特殊差异的方法。

不好的差异常常是个性差异，有些人会就事论事，而有些人则更针对人本身，他们很难一起合作。你需要找到应对这种差异的方法，使他们能一起高效地工作。其他会阻碍合作的差异，可能是认识论上的差异，一些人可能对工作持有实证主义倾向的态度，他们认为存在着某些自然规律，导致了无家可归这类现象。这些人很难和那些认为知识是社会建构的人合作，那些人强调从社会建构的角度看问题。为了让这些人在一起高效地合作，你需要想办法应对这种认识论上的分歧。但是重要的问题在于，一个差异是好是坏，也不是一概而论的。认识论上的分歧可能妨碍一些研究，但也可能促成其他项目的合作。人们对于知识的不同理解，可能是一些合作的根源，却对另一些合作有害。在一天中，人们对工作时间有不同的偏好，这个事实对一些合作有利。但在另一种情况下，比如，你想要所有人都同时工作，那这种时间上的差异就需要有效的应对方案。

要管理差异，你首先需要有能力意识到差异的存在，仅仅意识到差异就会有助于消解麻烦，这常常是应对差异的第一步。如果这还不够，那么你还需要采取其他措施。不过通常情况下，我们发现，仅仅是让人们意识到，他们被某人激怒并非是那人故意要烦他们，而是因为他们看待这个世界的方式完全不同，就会对促进合作有所帮助了。

让我们来看看迈克的说法，看看无知怎么能帮助我们思考利用和应对差异的问题。迈克在文中提到五个要点：我们不可能知道所有的事情；我们未能意识到的差异贯穿了全书；和“填补空白”有关的沟通问题；将无知施加于他人；模糊性问题。让我们来逐一讨论这些要点。

我们无法全知全能

我们无法全知全能这个事实，对于有太多相关因素的复杂问题来说，变得更加恰如其分。迈克还指出，我们必须警惕自身的偏误，我们必须处理好自己的这些偏误，即我们会将各种途径所得的信息看作和自己亲身所知同等权重，以及我们对自己的估计与预测也许会过度自信。当我们处理复杂问题时，我们对这些偏误要格外小心，使它们不会影响我们处理复杂问题。

我们也许没有意识到的差异

第二个问题就是迈克重点强调的，一些我们也许没有意识到的差异。可能是对合作有利的差异，需要被利用起来；也可能是对合作有害的差异，需要好好应对，这些有害的差异包括创意中的差异，容忍不确定性与不完美的意愿差异，还有决断力或犹豫不决的差异，对待禁忌的差异。比如，一些禁忌对于另一些人或许不是禁忌，以及团队成员在宁可不知道以及永远不想知道的事情之间的差异。

另外，团队成员之间也有隐性知识上的差异。首先来看对待禁忌的态度，其次来看隐性知识。我们思想中的禁忌对于合作来说十分重要。有时候，对一个人是禁忌的东西，对于另外的人来说并不是禁忌。这使某些事物是可以合作研究的，而如果整个团队都认为一件事是禁忌，那么对它的合作研究就是不可能的。对于团队领袖来说，禁忌问题也可以帮他理解，为何团队中的部分成员无法热情地投入到研究中去，也许不是因为他们很懒，而是这个研究主题让他们觉得不舒服，所以他们不太想参与其中。所以对于团队领袖来说，你需要特别留意那些可能比较敏感的研究主题。

再来看看隐性知识，回到安·克尔温的无知矩阵，我们并没有意识到自己知道的知识，也就是未知的已知。理解隐性知识最简单的方式，可能就是考虑一下我们是如何知道，如何行事的。在我们的社会中，我们知道怎么做是礼貌的，怎么做会被认为是无礼的。我们知道如何与其他人打交道，知道在任何特定情境下的行为是什么样的，但我们并没有意识到自己知道这些内容，直到我们去往另一个完全不同的文化环境中，才会意识到自己的这些隐性知识。

隐性知识对于专业和职业来说也很重要，当你在一个专业或者一个职业中经历了长时间的训练之后，一些东西彻底改变了作为专业专家或职业专家的你，从而你会忽视一件事：实际上你知道的这些东西，别人不一定知道。

让我们以实验室中的工作为例，大多数在实验室中工作的研究员们都知道有所为有所不为：不能在实验室里玩耍、会穿着合适的衣服、不会在实验室里吃东西。然而，对于那些从未在实验室中工作过的人来说，当他们来到实验室中时，可能没有理解这些规则，因为这些规则不是外显的，而是隐性的。这可能会阻碍合作的进行，所以，如果有些人让你感到很厌烦，你要考虑到，是否有些他们不知道的隐性知识，导致了他们的行为使你厌烦，而你需要把这些隐性知识解释给他们听。

填补空白的倾向

迈克提到了我们填补空白的三种方式：其一是考虑模糊的背景因素，其二是考虑刻板印象，其三是考虑相似性假设。

在复杂问题中，三者都会出现。迈克给出的关于背景的例子是，如果你在餐厅中用餐，听到某人说一种食物hot——如果你是在一家印度餐厅吃饭，你可能会认为hot就是指辛辣，然而，如果你是在一家俄罗斯餐厅吃饭，你可能会认为hot是指温度很高。刻板印象也很重要，我们有一些关于医生、消防员或者财务计划的观念。对于这些事物，我们的头脑中已经形成了一些印象。所以，当我们和一个医生打交道时，当他说了一些有歧义的话时，我们会根据自己对医生的刻板印象来补充这个空白，理解他所说的模糊的话。相似性假设是指，我们认为他人和自己是相似的，当他人在做一些事情时，我们假定他们看待这个世界的方式和我们是一样的，我们以此来填补空白。我们用换位思考的方式，来理解他们的所作所为。

与此相关的一件事情是，在合作中，我们认为需要找到一种共同语言，因为这种看法实在太过普遍，我想多花点时间讨论这一点，共同语言只是填补空白的一种方式，它基于相似性假设来填补空白。和许多合作者不同，我不是发展共同语言的拥趸，因为，找到一种共同语言要花太多的时间，发掘差异的过程会带来更多的差异。就像我说的，它只是填补空白的一种方式，而我们有这么多空白需要填补。当合作中出现有歧义的交流时，我更倾向于寻找灵光一现的释疑时刻。在那个瞬间，合作中的人们意识到了他们彼此交流内容的内涵，并且会好好利用这个时刻来搞清楚状况。这个时刻还是人们更有效地理解彼此差异的时刻。你需要掌握这三种填补空白的方式，还需要留心那些可能导致合作交流不畅的因素，这些因素会导致这三种填补空白的方式出现。

将无知施加给别人

迈克提到的第四件事情，是将无知施加给别人，表现为可能隐瞒信息，也可能是并不完全真诚。在合作中，建立信任关系是一件非常重要的事情。

如果你在合作中隐瞒了一些信息，或者并不完全真诚，这相当于把合作塞进了碎纸机。对于合作来说，这些事情必须要小心注意。

模糊性问题

模糊性对于合作来说也可能是有用的，不是说你要用模糊来进行欺骗，而是指有策略地使用模糊性，人们更愿意接受模糊，而不是矛盾。不要在合作一开始就把所有的事情确定下来，不要确定所有的定义，不要确定所有的工作方式，不要确定奖惩机制。因为一旦你想要确定一些事情，你就会发现更多的分歧，这会导致你们陷入无益的交流之中。就我的经验而言，在开始的时候，要求人们容忍一些模糊性会更好。在进程中遇到问题时，再处理那些问题。你常常会发现，模糊性会帮你们开动起来，让你们的合作变得更加顺畅。你担心的一些事情会在进展过程中自行消失，部分原因是你们已经建立起了合作关系，你意识到人们可以一起工作，你能和这些人更有效地工作。

IGNORANCE

03

无知的来源

本章我们将更加深入地探究无知从何而来。我们将考察个人、群体、机构以及政府如何策略性地创造并利用无知。我这里有很多相关材料，你们中一些狂热的阴谋论者可能会很感兴趣。但我们也会关注，对于我们个体或是整体而言，如何在日常的行为、偏好及思考中，去开发利用我们无意识构建起的无知。你也许会发现，意外无知甚至比有意构造的无知更具趣味。

前三节里，我将展示一些材料，介绍无知是如何被蓄意创造出的，以及其中涉及的政治和社会进程。第四节和第五节将探索无知是如何隐晦地，或无意地通过文化、行为喜好和社会规范得以创造或维持。第六节将考察无知是否可以被视为一个“公共问题”，以及如果是，那是否有解决方案。

怀疑是他们的产品：制造无知

除了隐瞒信息、谎言和机密之外，还有另一种方式可以将无知加之于他人。那就是让他们怀疑自己所熟知的知识体系。我们可以使人们相信，他们对那些以为熟知的事其实一无所知。我们可以在本来没有无知的地方制造不确定性和疑惑，也可以放大原有的疑惑。可以说，制造怀疑是一项被广泛运用的战略，尤其是在那些充满政治意味的话题中。

无知加之于他人

为了达到预期影响而播下怀疑的种子，一开始就要保证它有生长的空间。比如，在某些宗教或政治环境下，提出对基础信仰或价值的怀疑会被视为异端，因此是不被容许的，但在其他环境下提出怀疑则是可以的。乍一看，社会规范似乎很少主张这样的做法。但这是视角问题，西方法庭上的刑事审判就是个例子。只有当罪行排除所有合理怀疑时，被告才会被控有罪。因此辩护的最主要任务就是提出对被告的指控的质疑。另一个例子是在科学家群体和学术领域中，质疑和批判性思维占据统治性地位。因此任何新知识在公布前都必须经历一遍又一遍严谨的审视，以及专家们的批驳。

当然，一些理想和规范可以被政治目的利用。比如，罗伯特·普罗科特（Robert Proctor）在他1995年出版的《癌症战争》（*Cancer Wars*）一书中讲述了专家和政治经济利益集团对美国政府在癌症研究的优先性和投资上的影响。他发现在质疑环境和工业诱发癌症方面，美国政府和私人企业有过合作。

戴维·迈克尔斯（David Michaels）于2005年发表在《科学美国人》（*Scientific American*）上的文章和2008年关于制造怀疑的著作中，都追随了普罗科特的观点。对于烟草行业为反驳科学界提出吸烟与肺癌有关而精心列出的三条言论，他都做出了辨别。首先，他们认为因果关系还没有被明确建立起来。其次，他们声称统计数据不具有决定性。最后，在出台相对公正的法律政策之前，还有待进行更多的研究。企业雇用了自己的科学工作者，为发表研究结果铺垫了基础（烟草和健康研究），并精心安排媒体传播他们的消息。

内奥米·奥利斯克斯（Naomi Oreskes）和埃里克·康韦（Erik Conway）的相似主题的新书于2010年面世。新书囊括了对如何制造疑惑的描述，包括对气候变化和全球变暖的怀疑是如何产生的，以及被烟草公司聘用的组织采用的战略案例。弗雷德里克·塞茨（Frederick Seitz）是前任美国国家科学院主席，被雷诺兹（R. J. Reynolds）烟草公司雇佣来指导他们的医药研究委员会。塞茨投入4500万美元，以支持那些促进烟草的研究项目，并据此洗清了任何烟草可能招致的责难。1984年，塞茨、贾斯特罗（Jastrow）和威廉·尼伦伯格（William Nierenberg）投资建立了乔治·C. 马歇尔研究所。

这个研究机构很快将烟草公司的散播怀疑战略，应用于气候变化领域。他们声称全球变暖是由太阳辐射中的自然变化引起的，而且任何由温室气体排放引发的变暖都会湮没于自然气候变化。研究所在他们的网站上声称，即使是今天，也没有任何确凿证据能够证明人类引发气候变化。奥利斯克斯和康韦提供了一份详尽的否认气候变化的科学家的关系网络，并链接了一群异常强大的“智囊团”如传统基金会、美国企业研究所和竞争企业协会，还有来自行业协会的财政援助，例如电力研究所、全球气候联盟，以及烟草研究所。

在这里我不会更深入地研究散播怀疑战略的细节。我提到的这些机构在这方面做得很好，相反，我会就这个主题做一些材料上的补充。权谋者的筹划和标准化的质疑并非怀疑的全部来源。怀疑也可能是辩论或对某个问题进行平衡报道的意外副产品。新闻从业者目前有一个艰巨的任务，他们要给予全球变暖怀疑者同等的报道幅度。尽管这方面的科学根据已非常坚实，让怀疑者的论点发声对公众有害无益。

新闻从业者对冲突观点的不同态度

霍莉（Holly）和丽莎（Lisa）在2009年的论文展示了一项案例研究，即20世纪八九十年代，关于北卡罗来纳州猪肉工业颇具争议的快速增长所引发的媒体报道。她们的主要兴趣在于记者们对这一事件做出的回应。事件起因是一名北卡罗来纳大学公共卫生科学家的研究提出，健康和环境问题随猪肉工业兴起同时出现，而北卡罗来纳州猪肉委员会则对此表示质疑和阻挠。霍莉和丽莎从新闻从业者们对待科学争议中的冲突观点（不同的专业态度），将他们分为四种类型：

首先，作为传播者的新闻人员，他们关注于了解事实并快速传播给公众，让所有的观点都被不偏不倚地展示出来，无视可靠性或是立场的区别。在相互争论的观点中能否筛查出真实观点，则要取决于公众自身。

其次，作为新闻从业者，他们的目标是调查事实背后的真相，给出更深入的解释，并提供有意义的来龙去脉。这一位置要求新闻人有甄选出可信或合理论点的能力。

再次，新闻从业者是平民主义的传声筒，为大众发声并影响政治议程。同样，这一立场要求新闻从业者有一定的独立判断能力，尤其要能判断出哪部分是公众需要了解的。

最后，敌对性的新闻从业者。他们对政府和特殊利益群体保持警觉和怀疑，这一角色需要揭露公开声明背后隐藏的利益，或是打破科学争论中的沉默。

虽然传播者和敌对者的角色都偏向于提出质疑，但他们的方式不同。传播者对于公正性的追求，能给在其他情况下完全没有可信性的观点增加可信度。而敌对者更倾向于提出道德质疑，例如，专家是否不偏不倚地对待证据？他们是否偏袒自己的利益？

也许霍莉和丽莎的文章最有趣的发现是，科学素养较高的新闻从业者很少遵循平等报道的经验法则，而是更倾向于评估不同的观点和反驳意见。在大多数案例里他们最终都会支持科学工作者。这暗示了，对于不了解相关科学的记者来说，平等报道原则也可能起到释放压力的作用。在对美国媒体的研究中，马克斯（Max）和朱尔斯·博伊考夫（Jules Boykoff）发现，从1988年到2002年间，全球变暖的新闻报道中超过半数都给了反对者以同样的篇幅。还有35%在认可科学观点的情况下，也给了反对者报道篇幅。无论有意无意，这种不确定性都会很快传递到受众那里。

这一节主要讲述了制造怀疑是消除知识并产生无知的一种手段。我们了解到它们是如何被刻意地、策略性地制造，以及如何在无意的情况下产生，比如新闻媒体对争议事件的平衡报道。下一节我将扩展这一主题，研究调查其他类型的策略性无知。

策略性无知与对好奇心的社会控制

我们先来探讨一下，好奇心是如何被社会抑制的以及这背后的社会推动力，然后我们把注意力集中在无知如何被策略性地用于社会控制和治理。我们会发现有些时候同样的无知能同时被争端两方利用。有时候，我们的近亲会对我们隐瞒某些事情，这是为了阻止或抑制我们自己发现信息。我们可以把这看作是一种抑制好奇心的行为。在西方有一句古老的谚语“好奇害死猫”，不过还有“满足了就没事”这一说。

遏制好奇心

那么，为什么我们想要遏制本人或者他人的好奇心呢？为了回答这个问题，我们从一些温和的例子开始。直接检验事实和对知识的探索可能会带来风险，不信去问那些小时候把伞当作降落伞，或者用自制的翅膀从楼顶上跳下来的人。有很多事情我们不会去做，因为我们事先已经知道那样做会对我们造成伤害。正如第一章所讲，很多时候我们都是间接地学到二手或者三手的知识。人类擅于从其他物种身上间接学习，这是通过观察它们各种行为的结果，从进化的角度来说这是很有利的行为，因为不需要我们每个人都去冒同样的风险。同时还有一个明显的好处，那就是节省了时间和精力。

社会现实检验也可能会很危险，尽管这种危险并非身体上的，主要的风险来自于社会的非难和抵制。社会心理学上有一个传统，那就是“破坏性实验”[又名“加芬克尔实验”，以社会学家哈罗德·加芬克尔（Harold Garfinkel）命名]。这个破坏性实验有两种，第一种考察人们对于打破某项公认的社会法则或规范的反应。比如，斯坦利·米尔格拉姆（Stanley Milgram）那个著名的实验，他让纽约大学的学生在地铁里赶走已经坐下的人。第二种更接近于孩子们的做法，也就是通过破坏惯例来发现不成文的规定，例如，所有人在电梯里都面对门站立，这仅仅只是一种惯例还是一项真正的规范？再如，哪些类型的音乐表演禁止观众喧哗？

因此，遏制好奇心的第二个主要动机就是防止它破坏风俗、规范、价值观以及宗教信条。举个例子，所有的社会都有禁止谈论的问题，除非是在某些特殊的场合下。通常这些话题包括性、死亡这些社会禁忌。我们在第一章已经讨论过，当然还有一些事也会被禁止询问，因为它们在某些场合下被认为是不得体的。《傻瓜书系列：不合法及不合理的面试问题》里列举了美国雇主不得向准员工提出的问题，如年龄、出生地、婚姻状况、残障情况、原籍、宗教、种族以及性别。这些问题被认为不合适，因为这预示雇主可能会根据招聘者的回答对他们产生歧视。

提问同样可能不被鼓励，因为这会威胁或挑战社会关系。实际上每个问题都在寻求一个答案，而这种问答的形式对于被提问的对象可以说是一种难题。20世纪70年代末的人类学研究表明，在某些文化中，即使是在教育背景下，问答也是要极力避免的，提问是对教师权威的挑战。

从自己选择不参与禁忌话题或者做危险的实验，到努力阻止我们最亲近的人去做这些事情，其实只有一步之遥。对于家长和老师来说有一个尤其困扰的问题，那就是是否允许孩子们亲自去尝试某些事情，父母们想要通过遏制孩子的好奇心，来保护孩子免于风险，这是显而易见的。哪有善良有爱的父母不希望自己的孩子免于伤害或者免遭其他事故呢？

我和我的兄弟当时被允许冒着身体上的伤害亲身体验大自然，以今天的儿童安全标准去看这些，甚至可以说是犯罪行为。我在年少时就制作了一个大约3米高的火箭，它可以飞大约4800米高。从好的方面来说，因为我的父母鼓励我自己去探索事物，我成为了一名科学家和学者，不过那时我就觉得事态已开始变得相当紧张了。

我绝对不是唯一一个意识到这一点的，奥利弗·萨克斯（Oliver Sacks）在英国长大，和我年纪相仿。他在他引人入胜的回忆录里提到过，在他热爱化学的孩提时代是多么容易就能接触到诸如氰化钾和氢氟酸这类的危险物质。在一个脚注里他写道：“现如今，所有这些化学物品都已买不到，甚至学校和博物馆的实验室都在使用危险程度较小、同时趣味性也较小的物质。”较为安全的化学实验教育性当然也低。

为什么孩子们的好奇心受到越来越严格的监管？有一些作者花了10年多的时间来描述所谓的“恐惧文化”。这种文化统治了某些西方社会，它是“风险爆炸”的产物，即不断增长的对于风险的认知。富里迪（Furedi）在他2001年的著作《偏执的家教》（*Paranoid Parenting*）中，记录了英国社会将成人监管渗透到孩子生活方方面面的趋势。他列举了一些例子，诸如学校禁止传统的儿童游戏和肢体接触运动，教师们由于担心诉讼，越来越不愿意组织学生郊游和实践活动。过去我们说事故，而现在都是谈论风险最小化、疏忽还有责难。

利用无知来对社会进行管控

现在让我们把注意力转移到无知在社会管控上起的作用。我们从几个例子开始，在最近的一篇文章中，社会学家林赛·麦高伊（Linsey McGoey）列举了四种在泰利霉素（Ketek）事件中对无知的策略性使用，这种抗生素被发现对肝脏有损害。

首先，生产商赛诺菲-安万特（Sanofi-Aventis）使用风险侦测系统来掩盖相关警示。其次，他们在和美国食品药品监督管理局（FDA）的监察人员合作的过程中，选择性地隐瞒了来自FDA独立资讯委员会的信息。再次，他们引导监察人员在药品安全的隐忧上保持沉默。最后，他们无视了现有技术在检测药品风险上已知的不足。我们可以在他的清单上再加上一条，参与赛诺菲泰利霉素试验的某一位研究员，曾经被控告有欺诈研究的行为。

第二个例子，1986年的《华盛顿邮报》刊载了一篇关于美国司法部某条规定的文章。如果雇主是由于害怕传染而将某位艾滋病雇员解雇，这种行为是合法的。换句话说，雇主由于不清楚艾滋病在工作环境下不会对健康造成威胁，反而拥有了歧视艾滋病患者的权利。

这些例子包括了我们已经熟知的策略。蓄意隐瞒、消除异己还有选择性的谎言。不过，就像麦高伊指出的，这些例子同样表明，寻求和保持无知有时候比拥有知识更有益。

很多近期关于策略性无知的理论，都建立在那些制造和维持无知的人对于无知的作用的主张上。这样的想法并不新鲜，社会学家威尔伯特·摩尔（Wilbert Moore）和梅尔文·图明（Melvin Tumin），在他们1949年的论文当中阐述了无知的五种作用，分别是保持权威、巩固传统价值观、保护竞争的公平性、维持刻板印象以及激发面对未知结果时的进取欲。摩尔和图明的分析看起来更倾向于无知是对于保守价值观和原则的保护。

但有很重要的一点需要记住，那就是不管一个人的政治倾向如何，无知总有其作用。比如说，质疑对于政治或者科学争议的双方都有效用。我在1980年的时候写过一篇记事，是关于环保主义者以及工业家们如何同时利用氯氟烃对于臭氧层影响的初始不确定性来巩固各自的利益。对于此种深刻的不确定性有两种较为普遍的解释，于是以上双方各自抓住其中一种不放。环保主义者的立场是预防原则优先，即禁止氯氟烃的使用，直到它被证明无害。工业家们的观点则是著名的安于现状偏误，即允许氯氟烃的生产和销售继续，直到它们被证明是有害的。双方阵营都明确地使用了无知来达到各自的目的。

史蒂夫·雷纳（Steve Rayner）最近在地理工程学项目里曾经提到类似的对于科学性无知的双重使用。有一批工程专家倾向于利用平流层喷雾器来缓解全球气候变暖的研究，另外一批专家则持反对意见。双方都认同，我们现在缺乏足够能力来有效并且安全地布置平流层喷雾器。研究的拥护者宣称，改进过的基于小数据实验的计算机模型，能够在避免不可逆负面影响的情况下，谨慎地移植到大数据背景下，并且说不定能向我们提供所需要的知识。反对者则辩称高度的复杂性以及环境和生态系统回应的不确定性，排除了部署平流层喷雾器的可能，并且此种试验最终会导致灾难的发生。因此争论的焦点就在于对于此种行为的无知是否可还原，换句话说，这是一种可以解析的无知还是消极知识。

地理工程学这个例子同时也表明，决定什么是可知，什么是不可知的能力是很有用的。专家的地位常常取决于对冷门知识领域的了解和垄断程度，以及对于某些特殊知识的垄断。所以说，特定类型的无知有其不同的作用和用途。在这个例子中，可还原的无知服务于支持研究者的观点，而不可还原的无知则服务于反对者。

我们看到，随着成年人风险意识的增强，导致社会对诉讼的依赖性渐增，对于遏制儿童好奇心的行为也会变本加厉。我们也看到，某些特定的无知在推动政治进程、逃避过失以及维持权力与权威上很有用。我们还看到同样的无知可能对争辩的双方都有用处。那么如果有一个机会去获取新的知识，而在这种知识既可以带来巨大的好处，也可以带来巨大的灾难时会发生什么呢？我们将在下一节探讨这个话题。

为了公众利益而限制科学发展？

到目前为止，我们已经研究了如何策略性地创造无知，以及它是如何不经意地在普遍心理历程及社会进程中浮现的。当利益相关方对应该继续保持无知还是获得知识意见不一时，会发生什么？我们能从关于科学研究和技术开发的争议中找到一些极好的例子。有一个旷日持久的争论，是关于科学家、工程师及其他创新型企业可以并应当受约束的程度，以及他们如果需要受到约束，又该由谁以何种理由进行约束。

对知识的追求可能会有风险

关于是否进行X实验或者是否发展Y技术的问题被反复提起。这个问题最难的情况出现在，当一个人因好奇而探究的对象违背了另一个人根深蒂固的价值观或道德准则，或是引起了巨大的恐慌时。

这些议题已经有很长的历史，从16世纪的浮士德传说到弗兰肯斯坦，再到布鲁斯·班纳（绿巨人）。学者和科学家们总是以追求知识而最终给自己和他人带来悲惨结局的形象出现。现代引起这种争论的科学研究以及技术发展，包括干细胞研究、克隆人、大型强子对撞机以及转基因食品。

在大型强子对撞机开始运转前，对于它可能形成一个能吞灭地球的黑洞的恐慌，就成了世界关注的焦点。而且关于它的安全性的争论一直在继续，包括有人起诉要求停止其运转。问题的要点当然是风险，以及随之而来的独有的现代版风险。社会学家乌尔利希·贝克的经典作品明确了与实验和探索相关的新风险与旧风险之间的区别。旧风险影响范围较小并且常常仅局限于冒险者自身。而根据贝克等专家的说法，新风险则是全球性的，也是灾难性的。对大型强子对撞机的关注符合贝克对新风险的定义。

当对实验或技术发展的恐惧，涉及可能滥用有潜在价值的研究或技术时，对此类问题的争论就是人们所知的“双重用途困境”。这个话题的研究者有个庞大而活跃的网络。我曾在澳大利亚国立大学参与过一个有关此课题的研讨会，与会科学家、伦理学家及社会学家们的文稿被编撰成了一本书。也许最有名的例子就要数由核裂变技术发展而引发的争论了。它一方面可被用于核战争，而另一方面会应用于和平时期。还有会上集中在生物实验和纳米技术上的双重用途困境的激烈辩论。美国国家研究委员会的报告列出了“需关注实验”的清单，包括以下任何功能的实验均被列入：

1. 演示如何使疫苗无效。

2. 增强对用于治疗的抗生素或抗病毒制剂的抗药性。

3. 增强病原体的感染力或使非病原体有致病性。

4. 增强病原体的传播性。

5. 改变病原体的宿主范围。

6. 通过已有方法逃避诊断或检测。

7. 使生物制剂或毒素武器化。

双重用途困境的支撑

有三种担忧导致了双重用途困境。第一种来源于可预知的、随着实验或新技术而来的滥用，最明显的是原本打算用于武器发明的实验或开发。例如，要对“一战”中的毒气战负责的德国科学家和要对“二战”末期的核战负责的美国科学家。但并不总会有利用于非军事研究或技术的机会。一个关于可能滥用日常技术的例子是，恐怖分子或有组织的犯罪网络，利用非法的肉毒杆菌生产设施来提取肉毒杆菌毒素。

2005年发表的研究结果称，已完成对1918年的甲型流感病毒（H1N1，又称“西班牙流感”）的基因测序并且运用反向遗传技术复活了它。就是这个病毒，在1918年至1919年间杀死了大概2千万到1亿人。在发表这个逆向工程的论文之前，美国国家生物安全科学顾问委员会就被要求考虑后果。委员会决定，发布西班牙流感的信息带来的科学效益要比规避被滥用的风险更为重要。可以理解，发布这些信息引起了对坏人可能利用这个信息来重构H1N1的担忧。同样的问题出现在关于H5N1（禽流感）基因组的发布上。

第二种担忧是由研究或技术开发中意想不到的后果引发的可预见的灾难性事故。当前天花储备意外失控就是这类事故。对于一些人来说，此类事故也是反对诸如再造H1N1等研究事业的论据。

第三种担忧是某种程度上更深的忧虑，即无法预见的潜在滥用或事故。毕竟，很多研究都产生了意想不到的结果或新技术发展的机会。一份澳大利亚国立大学2001年关于鼠痘病毒研究的论文就是这种意想不到的范例。研究人员一直在通过转基因不育研究来消灭澳大利亚的鼠疫，但是这个研究项目同时制造出一个高致病性鼠痘毒株。研究人员制造的毒株不仅杀死了对天花无免疫的小鼠，还杀死了接种过天花疫苗的小鼠。

此外，制造这种新型毒株所用的原理很容易概括出来，并且能提高制造一个能对抗现有疫苗的天花强毒株的可能性。事实上，在2003年，圣路易斯大学一个科学家团队就发布了一项研究。研究中，他们将鼠痘的结果扩展到了牛痘，而牛痘是能够感染人类的病毒。这种恐惧来自这类技术被恐怖分子利用的可能性。合成基因组的最新进展进一步放大了这个问题，现在不仅可能提高现存病毒的致病力，还可能从头创制全新的病毒。

引发的问题很难解决的原因

由这类事例所引发的道德和政治问题很难解决，原因至少有三个：

第一，至少从一定程度上来说，研究的利弊都是不可知的；

第二，即使是已知的利弊也常常严重影响双方的论证，总会有很好的理由支持继续试验，也会有很好的理由反对它；

第三，这个理由只适用于某些情况，但是它会使这种情况变得最为棘手。“双重用途困境”是一个会些许误导大家的短语，从技术层面讲，这与第三个理由相关。很多案例实际上只是在权衡利弊，至少理论上理性的协商者能够依照自己的理解权衡得失并做出一个最优决策。但有些情况实际上是社会困境，如以下的情形：由理性计算私利所做出的选择，却将导致共同利益及最终每个人自身利益的受损。

像这样的社会困境并不新鲜。哈丁（Hardin）的“公地悲剧”（tragedy of the commons）就是一个著名的并备受争议的例子。哈丁指出，如果全体组员都不顾他人，只为个人利益使用有限的公共资源，那么这些资源将消耗殆尽。将其理解为困境的关键是，即使是理性个体也可以说，就算他们不开采资源，其他人也会，并以此为自己开采资源的行为辩护。

社会困境对理性个体提出的问题

一场典型的军备竞赛是另一个显而易见的例子。A国和B国的研究人员都知道，每个国家都有方法复活一种已经灭绝的且可被用作生物武器的致命病原体。

如果A国的研究人员复活了这种病原体而B国没有，那么A国对B国就暂时享有战术上的优势。然而，对于A国和B国来说，也都存在着病原体被盗或意外流出的风险。如果B国也以这样做来回应，那么B国又重新获得了与A国平等的地位。那么，病毒意外流出或被盗的风险加倍。相反，如果A国阻止研究人员复活病原体，那么B国就可以通过复活它让A国臣服。

复活病原体以避免被另一个国家战胜，是符合每个国家的私利的。但是这个结果却产生了两个国家都不想承担的可怕风险。你可能听说过“囚徒困境”或“斗鸡博弈”，这些都是社会困境的类型，且一些双重用途困境的结构与其相似。

社会困境是好奇心管理及其他选择行为中一个非常复杂的问题，因为解决方案不能仅仅基于理性的利己主义。一旦你知道要去寻找什么，你就会发现社会困境无处不在。关于如何处理并解决它们的研究文献涵盖了经济学、心理学、政治学、人类学、社会学、应用数学等很多领域。这个研究的应用范围从环境政策的形成一直到婚姻指导咨询，无所不包。但是研究社会困境的大多数早期工作是源于美国军方并受军方支持的。

	A没有复活病原体	A复活了病原体
B 没有复活病原体	A和B都没有优势，所有人都没有风险	A有优势，所有人都有风险
B 复活了病原体	B有优势，所有人都有风险	A和B都有优势，所有人都有风险

让我们试着转换一下思维来得出结论。双重用途困境文献几乎都在关注可以武器化的科学的技术开发，但如果把这个过程反过来呢？即开始是为军事所做的研究和开发，却获得了非军事上的利益呢？或者就此而言，来自于非法的或不道德的研究开发，却产生了合法的副产品和应用呢？相对而言，这些可能性看起来被忽视了。

然而，找到这样的例子并不难，互联网就是一例。互联网起源于美国国防部高级研究计划局（DARPA），随后在国防研究基金的资助下，迅速被大学里的研究人员所使用。并于20世纪80年代末演变为国家科学基金会网络（NSFnet）。一旦网络逃脱了军方范畴，一些特定的不太合法的产业就引领了它的发展。正如皮特·诺瓦克（Peter Nowak）在他的那本有趣又内容翔实的书《性、炸弹和汉堡》（*Sex, Bombs and Burgers*）中所讲，色情产业对互联网的创新有着重要意义，如视频直播、视频会议及网络安全保障。不久以后，主流企业也默默地采用了网络色情行业首创的运用网络的方法。

当然，我并不是建议研究资助机构应该开始把资金投向支持色情产业的开发上。我的观点仅仅是说，比起目前已被承认的主流双重用途困境，这种非主流的双重用途困境需要更多的关注和研究。

双重用途困境是一个特例，它反映了一种关于无知的更广泛的观点，这种观点在许多文化和历史中都根深蒂固，即有些事情人类永远不应该知道。有些话题通过宗教教义被认为是禁忌话题，而另一些则是关于了解这些话题所带来的负面后果或滥用的争论。“总有些事情我们不该知道”的想法暗示了我们有一个“高尚的无知”的概念，在下一节中，我们将探究这个概念。

高尚的无知

莎拉·佩林（Sarah Palin）的著作《单打独斗》被乔纳森·拉班（Jonathan Raban）评论为“400页对高尚无知的赞美”，他是什么意思呢？拉班所指的是一种朴实无华的哲学，可以用“我不太懂艺术，但我知道我喜欢什么”做比喻。他将其描述为“常识性保守主义”，比如占据道德制高点的外行人能比专家更好地评价美国外交政策，因为过多的专业知识会干扰判断。一些评论家认为“高尚的无知”只是“反智”的另一种说法，但是我们马上就会看到这个说法过于简单了。一旦我们知道要找什么，高尚的无知就会出现在许多地方，并不仅是在右翼党或是反智主义者当中出现。

这里就有个主角不是出自保守党或反智主义者的例子。事实上，这个例子牵涉了受过高等教育的人。事件追溯到20世纪70年代，那时我正在研读社会学博士。我和当时的社会学研究生同学，都没有阅读过任何除了弗洛伊德以外的心理学著作。但是我们都知道，或许除了弗洛伊德之外，我们讨厌心理学。不仅如此，我们中的部分人也知道心理学里充满了还原论者、实证主义者、医学模式盲从者，这些人都是资本主义的利用工具。但是，最终我产生了好奇心：心理学到底哪里邪恶了？我决定找出答案。当我告诉我的同学和教授，自己开始修心理学课程时，我的档次便立马暴跌。对他们来说，不去学习心理学象征着智力上的优越性。真正的行家还不至于浪费时间去学这种明显败坏的学科。

多年以后，我偶然从传闻中了解到，这样的观点不仅限于学生群体。一个心理学家出席了一个由著名社会学家主讲的研讨会，并且深受该社会学家对社会学的革命性的展望的影响。但是，研讨会上完全没有提及心理学以及心理学家，对此他感到疑惑。会议过后，他问该社会学家，心理学在他的未来展望中占据什么样的位置？这个社会学家回答，在很久以前，他曾修过心理学课程，但是他尝试着不去想那个不幸的、错误的选择。如今，我在心理学部门工作。显然，我已经度过了黑暗期。

我不是在指责这个社会学家，在其他学科也有很多这样的例子。我的另一个心理学家同事，她受过非常好的教育，非常聪明。她曾经向我坦白自己为对经济学一无所知而感到自豪。在这些例子里，无知转换成了一种地位的象征，因而变得高尚。对于某些事物的无知可以是社会地位高的一种象征。在很多社会里，阶级或种姓差别或多或少都基于这一点。不久以前在英国，仅仅具有手工技艺或者经商的知识，曾被视为是卑微的。所以问题并不在于偏好或者选择不知道某事，而在于对于那些知道或不知道该事的人的道德判定。这正是高尚的无知吸引人的关键之处。这个词组乍一看似乎有矛盾，但是，我们却不难发现存在许多蕴含道德目的的高尚无知的例子。

首先，人们是否能够想象，除了给无知者带来社会地位，无知还有什么高尚之处？在安德鲁·罗斯（Andrew Ross） 1991年《奇怪的天气》一书的感谢页面里，自诩为科学批评家的他宣称："这本书献给所有我从未有过的科学教师，没有他们，这本书才能被著成。"从字面意思来看第二句话没什么特别之处，我想我们都会承认，哪怕罗斯具有一丝基本的科学素养，他都无法完成自己的著作。但是一些反驳罗斯观点的人，比如，生物学家保罗·格罗斯（Paul Gross）和数学家诺曼·莱维特（Norman Levitt），就将他的献词理解成一种傲慢自夸。

为什么格罗斯和莱维特会认为这种献词是种自夸呢？而且罗斯究竟在自夸什么？书中第八页的介绍上他透露了一个暗示："正因为我缺乏科学知识的训练，以及，科学方法就是绝对这一信仰的灌输，我才能对其进行文化批判。"也就是说，罗斯所说的不仅是科学家被强行灌注信仰，而且任何接受科学训练的人都会被这种信仰所玷污。更糟的是，他们无法从自我批评中摆脱这种玷污带来的影响，这好比原罪的污点。因此，只有通过不学习科学知识才能避免玷污和保持纯洁。

知识禁忌从何而来

从认为知识可能是种玷污到反对知识的禁忌概念，并不是一个很大的跳跃。在我的无知分类系统里，我们已接触到了禁忌，其隶属于"无视"这个分支。知识禁忌从何而来呢？是什么造成并维持知识禁忌的呢？人类学家玛丽·道格拉斯（Mary Douglas）在其经典著作《洁净与危险》（*Purity and Danger*）中，对禁忌的一般理论做了一个有趣的初步假设。她提出禁忌包含了两种权力剥夺，一种是针对威胁或危险的，而另一种是针对污染或玷污的。

那么，就让我们用知识来阐述这个观点。首先，某些信息是公开被禁止获取的，因为知道这些信息，可以对自己或他人或两者都构成威胁，或是获取知识的过程也可能招致危险。这里潜伏着什么样的危险呢？也许最显而易见的例子，便是用于侵略他人的知识。例如，如何远程控制他人的计算机，或是如何制造武器。就获取知识而言，其危险的范围，可以由物理性的（如用爆炸物来做实验）延伸到社会性的（如通过非法行为获取知识）。

现在，我们来考虑第二种禁忌，即污染或玷污。当“天真”指代一种清白的纯真，则是一种常见且有趣的高尚的无知。在基督教的传统里，它是和知识之树、禁果，及人类被赶出伊甸园等事件相联系的。失去天真或者有罪的人是被污染的。玛丽·道格拉斯将污染定义为在错误地点的污秽。在知识和无知的领域当中，其要点则是，信息可能出现在错误的地方。例如，某些知识，像如何性交会被认为是适合成人但不适合儿童的信息。天真最有趣的一面在于，需要更有知识的人，也因此是更不纯洁的人对天真的人进行保护，才能得以保持天真。

高尚的无知

乍一看，人们对反对知识的印象，无异于其对审查、压制以及支配等的印象。如焚书，或是禁止特定的教学。这类事情是有道理的，例子多见于有权力的一方将无知施加于弱势的一方。尽管如此，我们也能在整个社会所认同的善意安排中找到高尚的无知。

我们已经看到隐私包含了一个无知的多方面约定，其中我们认同没经过许可我们的某些信息是不可以被他人所享有的。尊重他人隐私是一种高尚的品行，因此属于高尚的无知。破坏隐私规范的人会给隐私被揭发的人带来威胁。隐私权包含了一种至少可以控制谁能了解你的权力，高尚的人不会打探与自己无关的事。事实上，隐私与审查有着密切联系，尤其是当审查受到当权者和公共受众一致认同的时候。

我们已经见到基于信任的社会关系和友谊也是如此。信任不是隐匿信息，但是信任关系需要遵循一种有趣的隐私。如果一个人在监视着另一个人，或者坚持对方应当充分解释自己的行为，被监视的人便会推断出监视者不信任他们。因此，信任是需要容许不希望有的不确定性（有被利用的风险），支持希望有的不确定性（能够自由地为新关系争取机会）和具有高尚品行的社会关系的一个例子。

至此，我们已经探讨了高尚的无知可以在社会中被行使，且被用于巩固某种形式的社会资产，如隐私、信任和友谊等。我们还可以算上礼貌和礼仪。此外，一个喜欢创造力、首创精神以及企业家精神的组织文化，需要能容许至少部分无知。

最后，我们来看一个被部分人认为是高尚的无知的例子，即因逃税引发的无知。这在很多国家是被公民广泛默许和鼓励的，并且在这些国家，灰色经济占了经济总产出的很大一部分。

2010年的国际财政报告估算出，G20的一半国家在2002年至2007年期间，有着至少相当于20%的官方国民生产总值的灰色经济。许多人都被实用利己主义所驱使而逃税，但对一些人来说，逃税算是对政府税收政策及相关事项的合理抗议。因此，官方经济指数，例如，通货膨胀率、就业率以及国民生产总值会非常不准确。掌控经济几乎变得不可能，并且小型税收严重限制了政府所能提供的医疗、教育、福利和基础设施。但是这些国家的政府面临着一个尴尬的权衡局势。他们如果无视或忍耐灰色经济，就会失去很大的收入来源，而打击灰色经济又会造成整个经济的瘫痪。

在本节，我们探讨了高尚的无知的概念。我们发现它不仅存在，而且很普遍，并且被用于巩固重要的社会禁忌和社会关系。认为特定的无知是道德上合理的，并且销毁它们是不道德的，这样的想法很难改变，当它们已被植入主流文化时，就更是如此。在下一节，我们将接着探讨更难改变的一种无知，即那种由无意识的认知和社会过程聚集而成的副产品。

我们的偏好是如何塑造我们的无知的

我们已学习到如何通过有意的行为、技巧和策略来建构无知，这是标准的“社会建构”。其中多种因素会在构建出未知之后，将其施以他人。但还有另外一种社会建构过程，则是通过大量无意出现的“副产品”，间接地制造无知。

构建无知的两个步骤

现在我们就来探讨，在我们不经意间，将自身与他人的偏好以及社会责任感相结合时，所产生的集体无知。这是一个非常重要的无知根源，因为我们大多对其视而不见，就连我也不例外。话虽如此，我们还是能通过学习来了解这一类无知，了解它们如何产生，以及我们能够如何应对。

这类隐性无知的构建过程分为两步。首先，个人偏好会让我们养成使自身经验受限的习惯，我们的知识也将由此而受到局限。其次，我们大多倾向于与和我们有着相似偏好、习惯以及经历的人打交道。

因此，和我们有着相同偏好、习惯以及经历的亲朋好友便不太可能从根本上改变我们的知识观点。如此一来，我们与身边的朋友、同事和家人，就被套入了一个不断自我加强的、共同的集体无知当中。

这个过程能在很多方面有所体现，大多数时候都显而易见。尽管如此，这个过程不会随我们意愿的减少而减少，并且选择上的自由也让我们倾向于这个过程。这类集体无知对我们而言可好可坏，因此在学习它们是如何产生的时候，我们不应就其好坏先下定论。

现在我们先来看看两步中的第一步，即在我们做选择的时候，这些个人想法以及自身偏好会使我们“目光狭隘”。因为我们更偏好于我们所熟悉的人、事物和地点。也就是说，我们会养成习惯。熟悉的事物会使我们感到舒心，这一倾向被称为“安于现状偏误”（status quo bias）。我们会将不熟悉的事物视为具有风险的，我们需要更强大的认知和情感能力来处理它们。熟悉的事物和习惯会为我们省下时间、精力和顾虑。

但与此同时，这也限制了我们与新体验和新想法的接触。比如，你喜欢嘻哈音乐，在对其产生了解的过程中，它也会成为一个重要的音乐爱好。这样一来，你便不太可能会去了解格力高圣歌、迷幻爵士乐以及布鲁克纳（Bruckner）的交响乐，或是罗西尼（Rossini）的歌剧以及约翰·柯川的圆舞曲。

除此之外，在我们所熟悉的和不熟悉的两个选择中，我们通常会选择我们所熟悉的那个。这就是所谓的“再认知启发”（recognition heuristic）。我们在后续的内容中会了解到，这类启发对我们其实是有好处的。因为这一启发建立在我们所处环境中的结构之上，这些结构能使我们做出较好的决策。甚至是在大多选项都是陌生的情况下也是如此。但就现在而言，我们只使用再认知启发会阻碍我们了解不熟悉的选项，因为这些都是我们不会去选择的选项。

我们通常也会倾向于去探索、关注并回忆起能够巩固我们所知事物的准确信息，这一点被称为“确认偏误”。和其他偏误一样，这种偏误基本也存在于我们的潜意识当中，并让我们的心理机能得到满足，也就是满足“自己是正确”的想法。举个最显而易见的例子，回想一下，当有人对你所相信的事指手画脚的时候，你脑子里第一反应或许就是寻找能够支持你的立场的证据。你的脑子不太可能会先去寻找能反驳你立场的证据。

但确认偏误也能体现得更为微妙，甚至是在我们测试假想的时候。即便是在我们并不确认，但却想知道答案的时候，我们也会深陷确认偏误的泥潭。在这里我们就会用到所谓的“正检验”。意思就是，我们会先检验在假想是正确的前提下会出现的结果，而不去检验会推翻假想的结果。

沃森的测验

彼得·沃森（Peter Wason）设计了一个非常著名且简单的逻辑学测验，就展示出了这一点。

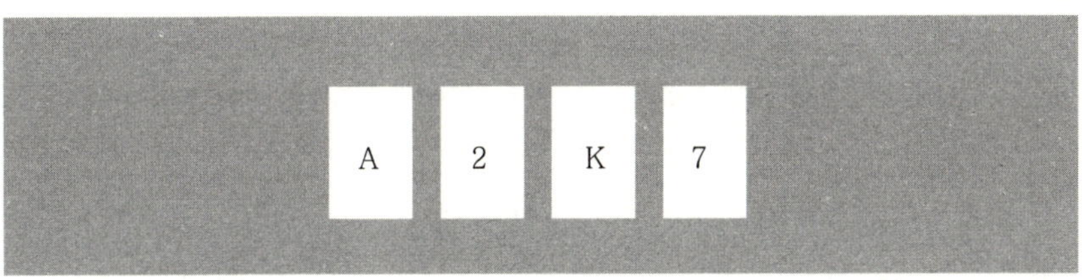

这里一共有四张牌，牌的一面是字母，另一面是数字。接着他提出了以下问题，若我们想检验这一假说，即如果牌的一面是元音，那么另一面便是偶数。我们需要翻开哪几张牌，才能检验这一假说呢？花几分钟时间想想你会如何作答。

我们中的大多数人都会选择一张带元音的牌，在这里就是“A”。同时我们也会翻开一张偶数牌，也就是“2”。我们之中只有少数人才会选择带有“7”的牌。如果有哪张牌会推翻这一假说，那便是这张了。如果这张牌的背面是个元音，假说就会被推翻。

要记住，我们的假说是“如果一面是元音，那么另一面便会是偶数”，而不是“如果一面是偶数，另一面便是元音”。因此一张一面是元音，另一面是“7”或者任一奇数的牌，都会使这一假说不成立。而一张一面是偶数，另一面是辅音的牌，则不会使这一假说不成立。因此我们需要翻开的牌，是带有“A”和带有“7”的这两张牌。

如果这还没能说服你，再来看看这个例子。

你是一家夜店的门卫，夜店的规矩是必须年满18岁才能喝酒。接着你看到了四个人，第一个人在喝酒，但你不知道他的年龄。第二个人在喝可乐，你也不知道他的年龄。你看不到第三个人的饮料，但你知道他今年16岁。你看不到第四个人的饮料，但你知道他今年22岁。你要检查谁呢？没错，就是喝着酒以及16岁的那两个人。这个问题的逻辑与之前的翻牌问题相同，因为夜店的规矩不是18岁以上的人必须要喝酒。

迎合我们的“选择”

在往下看集体无知的第二步之前，我想再说一句，选择自由越多，我们越会陷入喜爱熟悉事物的圈套中。经验丰富的市场营销人员和广告人都深谙此道。多亏了互联网，我们才能找到并加入与我们有着共同喜好的群体。如果你沉迷于17世纪的日本文学，20世纪50年代的电子乐，或是直观主义数学，你都能在各种社交平台上找到志同道合的人。你不再受限于身边那些不能理解50年代电子乐的美的朋友，你可以和同样喜欢它们的人做朋友。同样，通过亚马逊、潘多拉音乐盒和eHarmony等网站为你提供的建议清单，你会发现它们能让你找到更真实的自己。

这种自我限制的选择模式，早在互联网时代之前就已出现。我们总是被与自己相似的人所吸引，有许多关于我们择友标准的证据都凸显出了这一点。《盲目心理学》（*Wilful Blindness*）一书的作者玛格丽特·赫夫曼（Margaret Heffernan）在自己身上就看到了这个问题。她说："当我第一次成为BBC电视台的制片人，有机会选择自己的团队的时候，我当时希望出现能够挑战我权威的人。于是我挑选了几位人文学科的毕业生，她们都是女性，个个精通多种语言，她们与我非常相似。"人群流动以及与日俱增的自由选择增强了社群同质化的趋势。美国和英国的研究数据表明，近20年来，同好社团的数量正在逐步增长。

除此之外，真正吸引我们的其实并不是他人与我们的实际相似性，而是我们所感知到的相似性。卡罗·贝克（Carol Baker）和我曾邀请过几对结婚已久的夫妇，我们用问卷来询问他们对于理财及健康等方面风险的看法。他们每人作答两次，一次基于他们自己的想法，另一次则基于他们觉得对方会怎么看。自身看法与自认为对方的看法的相似程度，比起双方实际看法的相似程度，更强烈地预测了他们评价对方的正面程度。爱可能会使人盲目，也可能不会，但会在我们的周围筑起无知的双重隔墙。一层厚隔墙阻止我们和不相似的人有亲密接触，而另一层薄隔墙会掩盖我们所爱之人的一些真相。

至此我们学习到了我们的自身偏好会如何同质化我们的社交网络。现在我们来看看这一点如何与其他因素相结合引起病态的集体无知。早在20世纪70年代，社会心理学家厄文·贾尼斯（Irving Janis）声称，只要结合一小部分条件，社群同质化就能导致"集体思维"。其中每个人的个体观点都将被一个统一看法所取代，即使面对不断涌现的相反证据，这个看法也没有改变。

贾尼斯认为群体思想有着三重前提。首先，群内凝聚性比个人自由和权利更重要。其次，群体的结构条件是群体隔离和群内同质化。最后，群体思想的背景是威胁、困难决策及两难困境。归咎于群体思想的政府和企业灾难的例子有很多，比如，美国海军指挥官无视日军1941年袭击珍珠港的征兆、瑞士航空公司瓦解以及挑战者号航天飞机空难。

然而这其中的重点在于，并不是说构成群体思想的条件总会带来坏处，而是说它们导致了有限的、同质的知识体系，从而带来了共同的集体无知。一种无知是好是坏，不能妄下定论。毕竟各类知识体系以及相关的专家团体都带有某种群体思想印记。但是同时，专业化也是各个专业能够深入发展的前提之一。

本节我们研究了无知的不同来源，这些来源普遍且是无意识的。我们已经看到，我们的自身偏好在为我们的知识和经验带来限制的同时，也导致我们只与和我们有相似知识和无知的人接触。在这背后有两个关键偏好，分别为安于现状偏误和确认偏误。我们也看到当我们能根据偏好而自由做出选择时，我们的选择结果就会越发偏离其他的观点和经验。这种情况所带来的坏处之一就是会将社会分裂成多个术业专攻的区块，彼此之间存有误解，并将对方视为愚昧无知。在下一节，我们将从“公共问题”的角度来研究无知。

无知是公共问题吗

在2008年，社会学家谢尔顿·昂加尔（Sheldon Ungar）的一篇论文问了这样一个问题：为什么在如今这个知识信息时代，无知不仅仍然存在而且似乎还增多并加强了？他绝不是唯一一个，当然也不是第一个观察到这种趋势的评论家。此时我们都已清楚，伴随着信息爆炸，还存在着无知爆炸。我们大多数人都面临着暂时未知以及（无论个体还是集体）永远未知的情况，这种情况远超我们祖先所需要面对的程度。

当我在20世纪80年代开始写下“无知爆炸”时，它还不为公众所知。当时主流的观念还全部都是“知识经济”和“信息社会”这两个分别由彼得·德鲁克（Peter Drucker）于1969年以及弗里茨·马克卢普（Fritz Machlup）于1962年提出的概念。生活在信息社会并参与新型知识经济的公民能接受更好的教育，也比他们的祖先以及他们身处落后社会的不幸同类们更具智慧。我们该如何理解所有这些论断?

我们确实受到更好的教育且更加聪慧了吗

有数据表明，许多国家的平均IQ在一段时间内一直在提高。所以说，这种IQ测试测出的智力水平的确提高了，很多国家的文化水平和教育程度也都有所提高了。同时由于巨量的资料和著作都被数字化，非常多的外行人也已经在法律、金融、医药以及其他令他们关心的实际问题中变得博洽多闻。他们所用的方法在过去是绝无可能的。最后，大规模在线开放课程的出现，似乎能在形形色色的技术和知识领域里提供教育服务，很多人只有通过这种途径才获得了教育。通过数字化和网络，几乎所有形式的知识和教育民主化的发展都似乎毋庸置疑。那么昂加尔在谈论什么呢？

IQ也许在不断提高，但我们照例还会看到，关于各种智力技能，如计算能力和读写能力明显下降的报道。同样，尽管能够获得如此丰富的有关法律、金融、医药及其他实际问题的知识，但仍有大量记录表明公众对心脏病、中风、吸烟酗酒的各种影响，以及基础用药方法等问题存在高度的普遍无知。

而在获知政治和当前发生的大事方面，帕特南（Putnam）在1999年的研究中观察到一个糟糕的事实，即在不考虑信息来源快速增长的情况下，当时典型的大学毕业生对公共事务的了解还不如20世纪40年代时高中毕业生的平均水平。事实上，根据马克·利伯曼（Mark Liberman）于2006年的帖子所述，美国人的无知已成为一种广泛的社会现象，其他国家的评论家们也对自己国家的公民做出相似指控，如澳大利亚和英国。

除了对知识匮乏的担忧之外，人们还时常对错误信息的迅速扩散和持续存在提出警告。对此的担忧通常还带着一句潜台词，即在信息时代，我们肯定能摆脱这些错误信息。斯科特·利林费尔德（Scott Lilienfeld）是《怀疑探索者》（*Skeptical Inquirer*）杂志的顾问编辑。他认为伪科学的盛行是两个现象的副产物：错误信息的爆炸和大众科普教育的匮乏。

无知“难以接受”的原因

无知是一个公共问题吗？如果是，那它是哪一类问题？昂加尔不仅宣称无知是一个社会问题，而且断言它是一种“难以接受”且“不可识别”的社会问题。他说的这两个短语是什么意思呢？从说服人们为自己的无知采取措施的意义上来讲，有三个理由说明无知“难以接受”。

首先，我们中的很多人仅仅是没有时间学习那些别人认为我们应该知道的知识。想想所有这些致力于揭示我们对科学的认知是如何匮乏的书籍、文章和电视节目。大量评论家和书籍都深信，很多有识之士都对科学知识的匮乏忧心忡忡。20多年来，像约翰·艾伦·保罗斯（John Allen Paulos）这样的科普作家，一直在通过他的畅销书警告我们数学盲所面临的风险和成本。但这些努力并没有对公众的科学素养和数学能力带来任何明显影响，这主要是因为大部分人看不到花费更多时间和努力来学习更多的科学和数学知识所能获得的益处。

无知难以接受的第二个原因可以从人们在自己的认知偏误或幻想被揭露时的反应中看出，维基百科上面有一个相当精确的列表可以鉴别超过100种反应。以卡尼曼（Kahneman）和特沃斯基（Tversky）在20世纪80年代的著作为开端，在过去的40年间，论述有关这些反应的书籍已形成了一种小型产业。认知偏误的问题难以被接受，是因为认知偏误其中的一个表现就是高估自身能力，以及我们坚信自己对现实的理解几乎都是完整而准确的。再者，当我们被指出在思考和做决定时的不足时，常常会感到愤怒不已。我从自己、朋友、同事和学生身上都观察到了这个现象。

无知难以被接受的第三个原因则关系到无知作为一个问题，为何同时也是不可识别的。昂加尔指出了一个广泛共识，即认为存在一个共同知识范畴，所有健康而正常的社会成员都应该了解它。

比如，我们都不仅使用相同的语言，而且还应该通晓国家的法律，知道国歌的歌词和2+2=4，明白我们需要氧气呼吸，婴儿是从哪儿来，等等。这个观念的麻烦在于，这个所谓的信息时代使每个人越来越难以就这一共同的知识范畴应该包括哪些内容达成一致，而这些知识还不够丰富，一般人还不能在成年之前全部吸收。

我从事教育事业已经有30多年，显然，我认为总体来说，拥有更多的知识是件好事。然而，我意识到我们教育者面临着一个“公共池塘”的社会困境。在我与加布里尔·巴默于2008年合著的书中，我把它称为“说服力—信息过剩困境”。当我们对教育或说服别人感兴趣时，都会希望把自己的想法强加于大众。我教心理学系的学生统计学，于是我理所当然地认为所有大学生都应该学习统计学入门。一个儿童文学专家有一次很认真地建议我，所有大学生都应该被强制学习儿童文学课程。

不管怎样，一个无条理的论坛如果有太多信息，会让公众失去对它的关注。正在逐渐耗尽的并不是信息、知识，而是注意力。事实上，注意力是一种零和资源。我们不可能同时完全关注两件事情。但信息是复合资源，你可以给我你的信息后仍然拥有它，越来越多的教育并不能解决无知问题。

如果你需要更进一步的理由，想想那些过去的人知道而如今已消逝的知识。1840年克莱夫勋爵（Lord Clive）写道，“连上学的小孩子都知道是谁囚禁了蒙特苏马（Montezuma）以及谁绞死了阿塔瓦尔帕（Atahualpa）”，现在怎么会没有人知道答案呢？或者让我们看看伊丽莎白时代一个学童的课程设置。

在我刚提到的两个时期里只有男孩子才被允许去上学。再举个例子，我们之中有谁了解铜匠、车轮匠、女帽制造商或造箭匠这些行当的基本技术？我的一个同事告诉过我，他的父亲曾是一个蹄铁匠，并惊叹我竟知道那是什么职业。

昂加尔承认："我们不可能创造一份博学多闻者应该拥有的，完备、稳定或能经过一致同意的知识清单。"一份完备清单是不稳定和不可行的，这在所谓的"信息时代"开始之前就已经变得清晰无疑。新的情况是，即使想达成这份清单中哪怕很小一部分的意见一致，都是极其困难的。

在公众无知和认知偏误之外，还有因过度专业化引发的第三种无知问题。专业知识无法自我整合，如果没有人将它们集合到一起，就无法形成一个体系，或者说一个整体。正如一个评论家所说："没有任何适当的方式能够让不同领域的专家互相交流，我们不禁会对此感到惊奇。""就算有全世界的文献指引，也没有人能够密切关注自己领域的所有专业期刊。"这段话是弗朗西斯・B.萨姆纳（Francis B. Sumner）发表在1905年1月13日的《科学》杂志上的。

那么为什么专业化成了主宰？最显而易见的解释就是它是有效的，且能把我们从吸收超出我们能力的大量知识的尝试中解放出来。但2008年，我在《无知的社会理论学》中的一章提出了一个次要的、通常被忽视的因素。在一个专家们合作的网络中，专业化分散了风险。它通过多样化的无知分散了在错误的时间对一件错误的事情一无所知的风险。乔治帮约翰修理故障的计算机，而约翰帮乔治处理那些毒害番茄的真菌，这是专业化的另一面。正如美国滑稽演员威尔・罗杰斯（Will Rogers）所说，每个人都会在某些领域无知。在一个互相信任且互相有联系的专家群体中，很有可能无论出现任何问题都会有人知道该如何处理。

我们现在应该清楚地认识到，有多种与无知相关的问题，但它们都没有直截了当的解决方法。作为替代，我们可以避开几种陷阱和错误。首先，我们可以避免妄自尊大。相对于如此庞大的知识宝库，没有人是万事通。其次，至少在某种程度上我们可以更清楚自己不知道什么。我们也许该想想如何改革教育系统的某些方面，以通过这种努力来帮助子孙后代。再次，我们应该不断提醒自己有认知偏误，并使用启发式思维方式。当这些方法不适用时，我们可以制造计算方法及其他工具来帮助我们。最后，我们应该认识到自己并不比前人更聪明。我们甚至并不总是比他们知道得更多，而且他们知道的有些事还可能对我们很有帮助。在西里尔·康恩布鲁斯（Cyril Kornbluth）的短篇小说《脑虫》（*The Mindworm*）的结局中有一个中肯的评论，很多极其聪明的人还没学到的东西其实是一些普通人还没忘记的东西。

无知和复杂问题：专家和利益相关者的协作

我们看看协作的另一面，这里所说的是专家和利益相关者之间的协作以及与之相关的一些问题。当我们处理一项复杂性问题时，一般来说，我们希望能将相关学科的专家，对这个问题有亲身经验的利益相关者、政策制定者以及从业者们会集到一起。我们希望他们不只在自己所了解的内容上合作，更希望他们能就不了解的内容进行协作，这其实是我们不擅长思考的部分，也会是本节的主题。

专业的关键

专业的关键所在，就是它会训练我们用特殊的方式思考未知。所以一门专业会训练你思考哪些未知是重要的，其他的则可以置之不理。所以，当你受到某一种专业训练时，要学到的一件事就是，应该关注哪部分未知，又要忽视哪部分未知。随着你在这个专业中愈见精深，要学到的另外一件事就是如何识别和应对这些需要关注的未知。

我们以物理为例，物理学中有某些特定未知非常宏大，例如，在天文学尺度上理解空间。同时也有某些特定未知非常微观，如量子物理学就属于这种学科。在心理学领域，我们如何行事是这门学科的核心所在。在历史学领域，以不同的方法看待过去发生的事情，并试图找出答案，是这门学科的核心。你会发现，如果你在这三个学科中作比较，它们本身关注的未知，以及它们判定为无关紧要的未知都大相径庭。

让我们用爱因斯坦的工作举例，他年轻时提出了广义相对论，开启了一系列全新的物理学问题，切实地推动了这门学科的发展，关于时间的流逝、空间的几何形状、物体的自由落体运动以及光的传播等问题。他之所以如此享有盛誉，就是因为他为一种未知奠基，而这项未知打开了一个学科的重要领域。这正是各种学科梦寐以求的，它们专注于那些可以将其他事物弃置一侧，只留下最具有建设性部分的未知。

关于专业的另一件事在于，它们处理未知的方式各不相同，它们也许会用实验、社会调查、采访、文献分析等等一系列不同的方式。因此，当不同学科协作时，它们要管理并利用已知的和它们所关注的未知以及处理未知的方式，其中一部分将会是有建设性的、有用的，而有些则会是有妨碍性，需要加以处理的，这要取决于希望处理的问题。例如，通常意义上，对未知事物的不同看法是必须要管理和利用的，但更需要管理的是学科之间的相对平衡，尤其体现在资金的分配上，因为每门学科都希望能从资金投入中分得一杯羹。隐性知识也在这里插了一脚，因此不同专业学科之间对如何了解事物的方式，它们认定的做研究的正确方式，也同样是需要处理的问题。因为这也往往是学科间冲突的来源。不过，如果你乐于理解人们思考方式的巨大差异，这也挺有意思的。

处理复杂问题的关键

当我们处理复杂问题时，重要的不仅仅是专业学科中的未知，利益相关者思考未知的方式，以及相关问题的决策者思考未知的方式，同样至关重要。我想聊聊我曾经关注过的一项工作，即我们是否应当为海洛因依赖患者提供海洛因。利益相关者们，在这个案例中就是警察，他们提出了一项未知，他们关心的是会不会造成蜜罐效应——如果我们在澳大利亚的一个城市实行，澳大利亚其他地区的，甚至是海外的海洛因使用者，是否会尝试聚集，甚至移居到这个城市来。这就是利益相关者们提出的一项未知，也恰恰是专家们没有考虑的，因此我们需要用专业领域之外的办法来解决。

我最近再次反思这项工作，以及它所引发出的各种类型的未知，这确实是我们之前未曾多加思考，仍然需要更多努力的领域。但是在海洛因问题的思考中，至少有六种未知因素在起作用。

第一种是专业领域的未知。关于是否应当为海洛因依赖患者提供药用海洛因作为医疗手段这个问题上，不同学科从它们的角度各自提供了洞见：人类学家关注的是海洛因成瘾者，人口统计学者关心多少人会受此影响，律师要考虑法律方面，药理学家则聚焦于处方本身。

第二种未知则是来自利益相关者的考虑。我之前已经举过例子，对警察来说，蜜罐效应就是个问题。

第三种类型的未知是因权力失衡而被边缘化的未知。也就是说，在这个问题中，该种类型的未知影响到的人群，往往是无能为力的人群，因此这些未知甚至不会进入视线。在海洛因问题的案例中，我们考虑的是一种有同情心的行为，即为非法药物使用者提供服务，他们就是通常情况下的边缘化人群，而且人们也不认为他们的想法和观点具有可信度。

第四种类型的无知是专业之间的交叉。总是有很多学科高度平行，比如，人口统计学和人类学，或是人类学与社会学。当我们关注流浪者时，人类学家和社会学家，无家可归者和为他们提供服务的人，都会并肩协同工作，处理他们所共同关注的未知，并群策群力解决问题。

第五种无知是基于复杂问题的研究。专注于这些问题通常也会使在学科中没有被考虑到的未知显现出重要性。在这个问题中，非法药品市场会发生什么，就是一个与之相关的但之前并没有在相关领域，也就是犯罪学中获得足够重视的问题。这次的研究则使其浮出水面。

最后一种无知是棘手未知。专业所关注的是可以解决的未知，也就是彼得·梅达瓦所谓的可解的艺术，如果你还记得之前的内容。但是当我们处理复杂问题时，并不是所有事都是可解的，那么处理棘手未知的方式就变得至关重要，从之前处理海洛因的研究中，可以提取出的例子就是它会对人们在非法药物使用上的态度起到什么影响。如果海洛因被医生批准，是否会增加人们使用非法药物的可能性。确实没有什么办法可以解决这个问题，但是我们必须加以考虑，而且我们也希望能将其影响最小化，而非放任不顾。

让我们看看迈克的观点，看看专家和利益相关者两方之间在处理未知方面，他能不能帮上什么忙。我尤其想关注的是他对无知的分类，以及辨识未知的未知。如果你们还记得，迈克的分类学，将无知拆分成了不同的种类。这对于专业领域和实践领域以多种方式进行协作助益良多，其中之一就在于不同的专业关注于不同类型的无知，例如，统计学着重于处理概率与模糊性之间的交界，法律则更关心模棱两可的歧义，情报学在意的则是曲解。因此，不同的专业会帮助你处理不同种类的未知。对无知进行分类的另一项用处，则是可以一项项遍览这些无知、依次打钩，好确定你已经处理好它们了。在处理复杂问题时，这样做效果好到难以置信，因为我们本身并不习惯于思考这么多种类的无知。

我们再回到安·克尔温的矩阵去想想未知的未知，即那些我们不知道自己不知道的东西。我们仍然可以发现，将不同的专业和不同的利益相关者都考虑其中，会非常有助于揭开部分未知的未知。我们自己处理不了自己的这部分无知，但却经常可以看出别人未知的未知。因此，让许多视角不同的人通力协作，可以让大量未知的未知无所遁形，并帮我们找到潜在的处理方式。正如我之前说过的，我们没有办法通过定义来了解所有未知的未知。因此，我们必须保持灵活，对意外之事怀有开放的态度，才能有效地解决它们。

IGNORANCE

04

有不同类型的无知吗

区分不同的无知，有什么重要的意义

这一章我们要回到第一章介绍过的一个课题，即不同类型的无知。拥有一套完善的分类学和类型学理论，不代表就能描述人们实际行为的差别。如我们之后会学到的，即使是“概率”这个词，在1650年以前也跟可能性没有任何关系。很多语言也不区分“含糊”和“歧义”的概念。那我们能找到什么样的证据来区分人们在实际生活中的想法和行为存在不同类型的未知呢？我们会集中关注不同类型无知的具体区别，看看这些区别对于人们处理未知的影响。

首先，我们要解决“那又怎样”的问题，即人们区分不同的无知为什么是重要的？然后，我们会大致探讨一下如何寻找证据。

关于它的重要性，其中一个论据是，假如我们真的觉得只有一种无知，那我们就很可能发展出一套合理有效的方法来评估它，并在做决策的时候考虑到它。此外，一个理性的主体应该只有一种始终如一且最优的评估决策方法。

但如果我们认为无知存在不同类型，那心理机能的论证和理性的论证都认为，对每种类型应该有不同的处理方法。不同的无知可能对我们有着不同的心理作用，也可能有各自特殊的作用。有些类型甚至可能是特殊历史时期或者文化的产物。“理性”的论证是指我们的区别可能有适应性，因为它们在不同环境下对应不同的未知，并为我们提供引导。如果你玩过蜜蜂游戏的两个不同版本，可能会发现每个版本都有不同类型的未知。在不完全剧透的情况下，我给个提示，游戏中未知的类型有着相对应的最好策略。

另一个论据是，如果人们会依据不同类型的未知来思考和行动，那将其考虑在内就很重要。很简单，因为它能够增进我们对人类思想和行为的理解。先让我们看一个例子，你会如何预测下面三场网球赛的输赢。

第一场比赛，你知道选手 A 和 B 的一切，并且你知道他们的胜负记录正好是50:50，两人都很健康并且状态正佳。你会合理地预测 A 和 B 取胜的概率都是50%。

第二场比赛，你对选手 C 和 D 一无所知，他们之前的比赛表现也完全不能说明谁更优秀。你会预测 C 和 D 取胜的概率可以在0到1之间的任何一点。

第三场比赛，你同样对选手 E 和 F 一无所知，但你一个好朋友很了解他们。他为你介绍这场比赛，他说其中一名选手远强于另一名选手，但是他在告诉你具体谁更强之前就离开了你。那你自然会认为 E 对 F 取胜的概率要么几乎为0，要么几乎为1。

这三场比赛的未知对你来说是否有差异？你会更倾向于投注某场比赛吗？还是说任意选择一方，等额下注三场比赛？

未知的来源

接下来让我们看一看，哲学家和人类行为学家对这个问题的有趣论点。“不同类型无知”重要性的第三个论据，涉及能否消除无知以及如何消除。这个论据关注未知的来源而不是特征。迄今为止，我们已经遇到了几种不同的来源。

首先，无知可能由强大的外力强加于我们，或以某种社会形式构建起来。上一章关于制造怀疑的描述，提供了此类来源最直接的例子。如果是已知的未知，我们就能摘掉当权者及其政治化妆师强加于我们的眼罩和屈光镜。

其次，由社会所构建的未知的已知非常难以去除。一是特权阶层的人认为他们的地位合法合理，甚至是必然的。比如，相信白种人是优等种族，或者男人天生比女人高等。二是这个阶层的人不会批判性地考虑或者验证此类观点的真实性。要消除这类没有自检意识和消除意愿的无知是非常困难的。

再次，我们来看自我强加的无知。已知的未知比未知的已知更容易消除，除了一个重要的例外。自我强加的无知有着很强的动因，即便我们意识到最好克服它，可能也没办法做到。我们强加给自己的未知的未知，包括认知错觉。这是人脑固有的一种无知。我们已经看过几个这样的例子，比如，过度自信、确认偏误以及后见之明偏误。

最后，认知错觉类的无知和某些社会构建的未知一样，都很难去除。比如，民众相信政府的宣传。这些未知的未知也属于潜意识。如果是这样，我们心理过程的有意识思考就不可能识别它们，更不用说消除它，而“意识提升”或者“偏见消除”的尝试可能会适得其反。事实上，如《科学美国人》杂志的博客作者山姆·麦克尼尔尼（Sam McNerney）所指出：“在读过关于决策的畅销书籍之后，读者常常产生错误的观念，以为他们以后能更好地做决定。”问题的根源在于自省——偏见大多是无意识的，所以当我们对思考进行反省时，会不可避免地忽视错误所发生的过程。更糟糕的是，因为我们是自我肯定的政治化妆师，当我们自省时，只会找出证明我们正确的理由。从这个角度，我们可以看到，为什么一点点的偏见就能导致问题发生。自省实际上让我们对自己的决定更有信心。

人们对不同类型无知做出区分的五种证据

现在让我们看看人们对不同类型的无知做出区分的证据，主要分为五类。

第一，规范的证据。是否存在一个案例，表明理性的人会区分不同的无知？想想那三场网球比赛，或者两个版本的蜜蜂游戏。

第二，行为的证据。每种无知的影响是否独立？

第三，态度的证据。不同无知的方向是否互不相干？对某种未知毫不在乎的人，是否对另一种未知十分恐惧？

第四，社会文化的证据。社会文化的规则和惯例是否区分不同的无知？比如，在道德规范上，不同的无知是否在社会交往中起不同的作用？是否通过语言来区分？

第五，神经学的证据。不同的未知是否由不同的大脑分区来负责？对一个结构的伤害，是否会导致人们无法处理某种无知，却仍可以处理另一种无知？

我们将关注的未知种类

为了帮助我们理解这些证据，接下来我们关注这四种看起来不同的未知，但是区分它们的特性仍然存在争议。

概率：我们知道可能发生的所有事情，以及它们发生的准确概率。

歧义/模糊：我们知道可能发生的所有事情，但不知道它们发生的准确概率。

冲突：我们知道可能发生的所有事情，但对于它们发生概率的预测存在分歧。

状态空间无知：我们不知道可能发生的所有事情。

注意，后两种未知是我们到目前为止还没有提到过的。但我们会看到，这两种无知在复杂问题的决策中起着重要的作用。我们会先关注规范、行为以及态度的证据，接着再研究大脑。我们要检验的证据大多来自实验，而非实际生活中的自然观察。这么做的理由是，获得行为和神经学的证据通常需要实验控制。不过在本章的最后一节，我们会转到社会文化层面，回到观察而非实验，学习不同类型的未知的词汇在历史上是如何变化的，如“概率”和“无知”。

有不同类型的歧义吗

我的研究处于神经学和社会心理学、行为经济学、管理学，以及部分应用数学和分析哲学的交叉领域。因此，在术语方面必然会出现一些混淆和分歧，“歧义”也不例外。

那么，让我从这些学科中“歧义”是怎样被使用的来开始。哲学、语言学以及心理学的部分方向，用“歧义”来表示多重似是而非的情况或含义。例如，泽基（Zeki）在2004年对神经生物学中歧义的定义包括，大量对等的似是而非的诠释。当其中一种诠释占据了意识层面时，它就是处于统治地位的。如果你回忆一下我们对多重意义提出的例子“这个食物很烫/辣（hot）”，你就会发现这和我们在第一章里使用的定义非常相近。

视觉错觉，诸如奈克（Necker）或卡尼莎（Kanisza）方块，或是鲁宾花瓶－脸图案，也都是这类歧义的例证，对于这类歧义的大多数研究是由对视觉感知有兴趣的神经科学家和认知心理学家来主导的，这不会出乎意料。

另外，在心理学和行为经济学的其他方面，研究者研究不确定条件下

奈克/卡尼莎方块

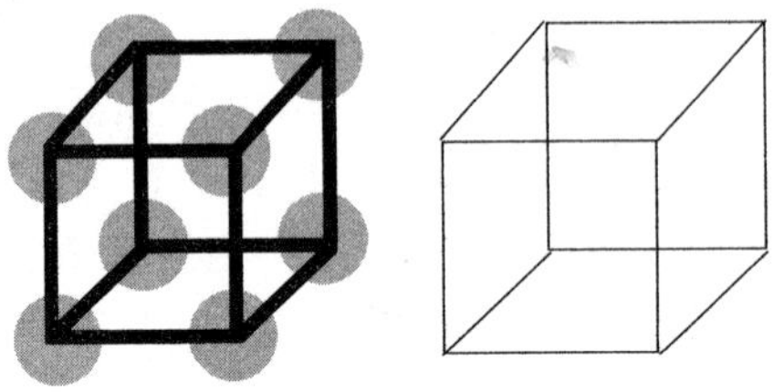

鲁宾花瓶-脸图案

做出的决定会选择把歧义理解为一个更为概括化的术语，这意味着任何不精确的情况。比如，在第一章我的分类里对“歧义”和“含糊”的组合，因此他们将诸如明天下雨的概率在0.3到0.6这样的区间估计视为含糊不清的。

三场网球赛的输赢

为了明确这些区别，让我们回到本章第一节中提到的我们被邀请在三场网球赛中下注的部分。第一场是买一赔一的比赛，这是非常精确的可能性评估。而在第二场比赛中，则是最大程度上的含糊的概率判断。在第三场比赛中，我们的判断就是最大程度的歧义/模糊。

直到最近，在经济学、心理学和相关领域中理性占主导地位的观点认为，当我们对一个不确定的结果下注时，歧义和含糊都不重要。理性人会选择能够产出最高期望收益的选项。我们向一位理性的朋友解释了我们对三场比赛的理解，并问他我们在第二场和第三场比赛中该如何下注。

他说，难道你看不出来吗？这非常简单啊。你应该把所有三场比赛都当作是势均力敌的比赛。第一场比赛中，你估计每位选手的胜率都是1/2。第二场比赛中，你认为0到1的任何概率都是均等的。所以把0到1的值平均一下，你又得到了1/2。第三场比赛中，你认为概率要么是0，要么是1，它们的均值又是1/2。接着他拿出笔记本电脑向我们演示，我们要么赢1美元，要么不赢钱。如果我们在这三场比赛中重复投注多次，我们的平均收益从长期来看是1/2。

埃尔斯伯格的桶

不考虑我朋友的结论，如果我们和大多数人一样，在下注时就不会认为这三场比赛是相同的。丹尼尔·埃尔斯伯格（Daniel Ellsberg）设计了一些精巧的实验，证明人不只是会被期望收益影响，也会被歧义影响。尽管20世纪早期，富兰克·奈特（Frank Knight）和约翰·梅纳德·凯恩斯（John Maynard Keynes）等先驱者已经探索了当概率无法被精确知晓时对决策者的一些暗示。埃尔斯伯格将这件事引入了行为经济学以及认知心理学的关注中。他的目标是确定歧义与精确概率之间的区别是否具有任何“行为意义”。

我们可以举一个例子来说明他这个词的含义——埃尔斯伯格的桶。

埃尔斯伯格的桶

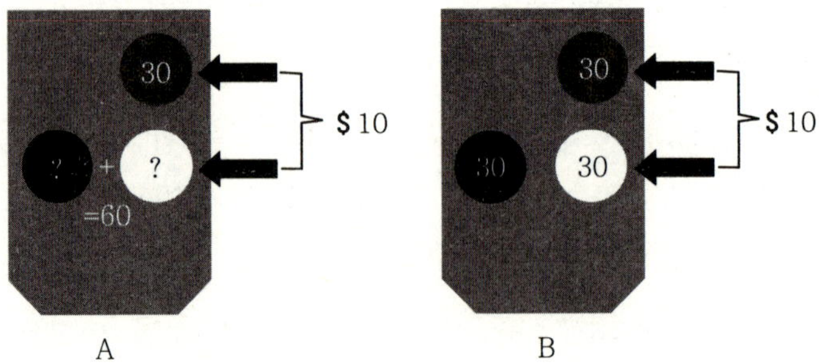

假设你要在A或B两个桶中选一个并从中取出1个球。每个桶里都有90个球。如果取出的第一个球是灰色或者白色的，就会得到10美元的奖励。

A桶里有30个灰球，剩下的60个球是白色或者黑色的。但是白球和黑球的数量是由计算机程序随机选择的，我们并不清楚。B桶里有30个灰球、30个白球和30个黑球。如果你选择B桶，你表现出的是对不能准确知道A桶里白球数量的规避，这就是歧义/模糊规避。在这类实验里，大多数人都会选择B桶。

然后，我们换一个例子，考虑在两个袋子里选择一个取出1个球。

两个袋子：如果取出球的编号是500就可以得到1000美元

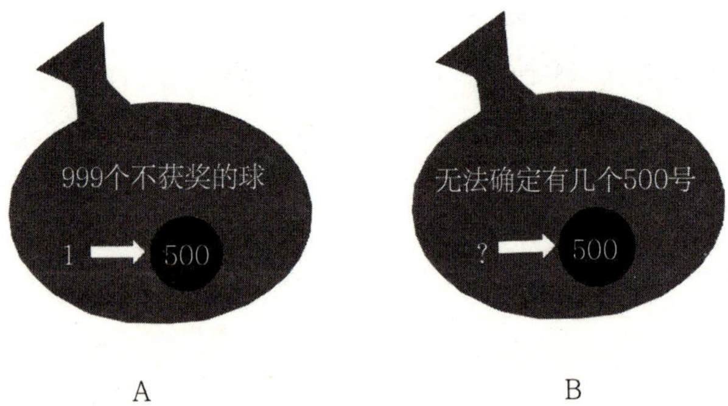

每个袋子里都有1000个带有编号的球，如果你取的球编号是500，就会得到1000美元的奖励。在A袋里，球从1~1000连续编号，所以我们知道里面刚好有1个带有数字500的球。然而，B袋里有1000个带有从1~1000随机选择的数字的球。如果你选择B袋，你可能是认为这里可能有不止一个编号为500的球。如果是这样，你表现出的就是歧义偏好。的确，大多数人选择了B袋。基于这一设计，我们可以是歧义/模糊偏好。

而我们的理性朋友在刚刚描述的任何一种情形里都不会有所偏好。他会发现A桶和B桶的预期收益完全一致，A袋和B袋也是如此。在任何一个设计里，他都不会在意选择A或是B。因此，我们在这些情形里的反应表明我们是在对概率的歧义性做出反应，就像是歧义性是有别于概率的一种重要的未知。

埃尔斯伯格最具说服力的实验，即被很多作者形容为埃尔斯伯格悖论的实验是这样的。

埃尔斯伯格悖论

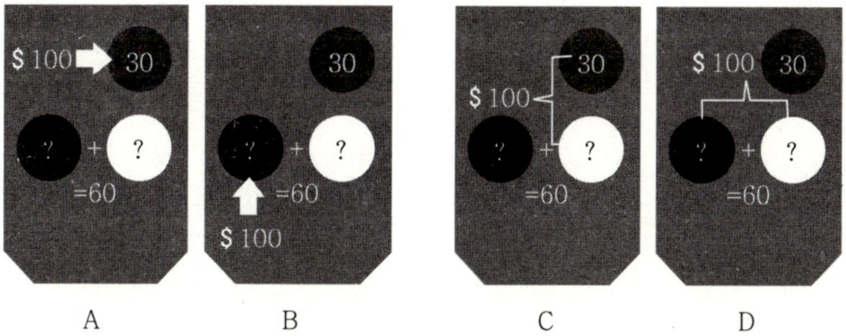

假设我们有一个装着90个球的桶，里面有30个灰球，其余60个球或白或黑，但两者的比例是未知的。

如果让人们选择赌A还是赌B，也就是押灰球还是押黑球，大多数人会选A。然而，当要求人们在C和D里做选择时，大多数人会选择D。人们更偏好A而不是B，更偏好D而不是C，是违背理性原则的，通常被称为“事件确定原则”。

因为比起AB组，CD这组在拿出白球时就会增加100美元。如果理性人更偏好A而非B，那么他们也应该更偏好C而非D。埃尔斯伯格证明歧义性会以与理性的标准模式相矛盾的方式影响人们的决策。这一实验以及基于此的各种变形，多次重复了埃尔斯伯格的结论。

但被歧义性影响就真的是非理性的吗？我们很容易找到一个有说服力的例子来说明为什么一个理性人会将歧义性看得很重要。歧义性越大可能表示产出收益的变量越大。如果埃尔斯伯格实验中桶里有60个由黑色球和白色球混合的球，那么白球的数量可能是介于0到60之间的任意数值。在某些版本的埃尔斯伯格实验中，参与者被告知白球数量是随机确定的。想象一下，如果我们用这种方式重复进行这一实验，取出白球的概率会不断变化而非某个稳定的数值。

变化性是有缺点的。在我的统计学入门课程里，我让学生去思考，一个不会游泳的人考虑是否要涉水过河。他们所知的全部就是河的平均深度为2英尺（约0.61米），如果河流深度的变化不那么大就没问题，但如果水深变化很大则可能是致命的。同样，财务顾问通常也会让客户考虑，在风险性投资和保守性投资中他们更倾向于哪种。许多投资者在吃过苦头后才学到，长期的高平均收益不能保障短期之内没有损失。

因此，一个谨慎的决策者会将歧义/模糊性视为高度变化性指标，并据此做出决定。这都归结于我们是否要限制自己的评估备选项的标准，或者承认第二种标准变量，并加入其中。人类和其他动物的集中风险行为模型的确将变量整合进去了。某些动物的觅食行为就运用了所谓的“能量预算法则”。这一法则表示，当预期能量摄入超过需求时，动物会偏好变化更小的觅食方案。然而，当预期的能量摄入低于生存水平时，它们则会偏好有更大变数的方案。因为更大的变化性意味着它们有更多机会获得生存所需的摄入量。

到目前为止，我们考察了即使是在预期收益不变的情况下，歧义性也会影响我们做决定的几种迹象。但如果我们接收到的信息不仅仅是含有歧义的，还是相互矛盾的呢？下一节中我们将对此进行讨论。

矛盾不同于歧义，但是何者才是错的

我们这一节将同前沿实验研究来一次亲密接触，以便了解人们如何对由歧义和矛盾引发的无知做出回应。我第一次读到埃尔斯伯格关于歧义的论文时，就被这篇论文和由它引申出的著作深深吸引住了。我还读过威廉·燕卜荪（William Empson）于1930年出版的著作《朦胧的七种类型》（*Seven Types of Ambiguity*），以及麦克斯·布莱克（Max Black）1937年发表的“用模糊语言概念进行论证”的论文。

我突然想到，某些形式的歧义/模糊类似于内部冲突。当我们难以决定某事时，我们会用“犹豫不决”来形容，还常在脑海中反复模拟争论场景。所以歧义也许不仅是变化无常的标志，它还可能象征着矛盾冲突。然后我决定做几个实验，来看看人们对矛盾证据的反应是否和对歧义证据的反应相同，以及当矛盾与歧义相冲突时人们的反应会是怎样。我预感人们可能会觉得，由矛盾冲突引起的未知比由歧义引起的更糟糕。

目击者证词

下面是我用来测试上面这些问题最简单的一个实验。想象你被选为一个陪审团的一员，控方的一个重要证据是，在一起夜间犯罪案中，一辆被目击离开现场的汽车的颜色。这里有两种包括目击者证词的可能的情况：

A：一个目击者称颜色是蓝的，另一个说是绿的。

B：两个目击者都说是蓝色或绿色的。

你更偏向于接受哪个证词？哪种情况下证人的证词听起来更可信？大部分人对这两个问题的选择都是B。尽管单纯从信息角度来看，这两者其实没有任何区别。

从这个实验以及其他实验结果中，我推导出，通常人们从两方面来“规避矛盾”。

首先，相对于两个来源同等可信但互相矛盾的信息，人们首选来源相同，虽含混不清但互相一致的信息。如果让人们从两个明确但互相矛盾的预测，与两个含混不清（或模糊）但互相一致的预测之中选择一个，那么在其他条件都相同的情况下，他们会更喜欢含糊但一致的预测。

其次，来源明确但矛盾的预测，不如来源含糊但结论一致的预测可信。我有证据证明，人们似乎认为专家们的观点应该达成一致，他们不相信持不同意见的专家，这里再举一个例子。

专家证词

情况A：大约一半的专家认为，研究表明铝和老年痴呆症之间有联系，另一半则认为研究并没有显示出存在这种联系的证据。

情况B：所有专家都认为，有大约一半的研究表明铝和老年痴呆症之间有联系，而另一半的研究没有显示出存在这种联系。

就如目击者证词的情景设置一样，参与者认为情况B里的专家在可信程度上，比情况A里的专家更胜一筹。这些现象不仅局限于专家们，同时也包括其他权威信息来源，比如，专业人士甚至还有计算机模型。我让人们在目击者证言、风险信息、减肥项目，以及雇佣或解雇员工做出决定的各种实验中，都找到了这种模式。

劳雷·卡班特斯（Laure Cabantous）在2007年发表的一篇文章认可了我的结果。这篇文章表明，关于意外事故保险，相对于仅表意含糊但能互相印证的风险信息，保险公司应该对存在矛盾的风险信息收取更高的额外保费。所以“冲突规避”的做法不仅存在于外行人中，它也影响着专家们在各自专业领域中做出的决定。

很多人都有一种直觉，就是针对一个命题，如果存在均势且相反的两种证据，那么这两种证据都应该被那个领域中所有渊博且公正的专家们阅览验证。

实验室情境

如果A实验室有10个研究支持一个假说，而同时B实验室有10个研究否定该假说，这个假说便显得很可疑。

但如果A实验室和B实验室各自的研究结果均为5个支持5个否定该假说，这样一来即使结果仍然是10个研究支持，10个研究反对，却比两个实验室的10个结论互相矛盾让人信服得多。就算总体的结果是不确定的，我们依然期望专家们和实验室数据能够互相支撑。专家们针锋相对会引起大部分人的重视，因为这意味着有难以解决的麻烦。例如，专家们可能并不公正，或者他们检验的并不是同一个证据。

人们对模糊但一致的信息源，比明确但矛盾的信息源更具可信度的倾向，令信息源自身产生了至关重要的难题。实际上那些信息源会陷入一个社会困境，卷入论战的交流者在已知其他交流者持有观点与自己相反，需要考虑交涉战术时，他们就会面对一个决策困境。

如果他们通过承认对方的一两个观点做出让步，没准能够从观众那里赢来可信度加分。但他们的对手也能以完全不作任何让步的方式，使他们看起来像失败者。另外，如果每个人都不让步，那他们都会丢失信任分。

A和B是可信度相同的专家

	A承认B的某些观点	A不承认B的任何观点
B承认A的某些观点	A和B都赢得可信度加分	A获得优势，B丧失可信度
B不承认A的任何观点	B获得优势，A丧失可信度	没人占优，双方都丧失可信度

现在我们来看看当歧义和矛盾混杂在一起的情况，为什么要关注这种情况？因为很多实际的问题都同时包含这两种未知。我一直在研究人们如何评估矛盾、歧义以及对既有矛盾又有歧义的事件进行多重预测时总体的不确定性。在几个实验中，我给被试者出示了如下图所示的两组专家预测之间的对比。

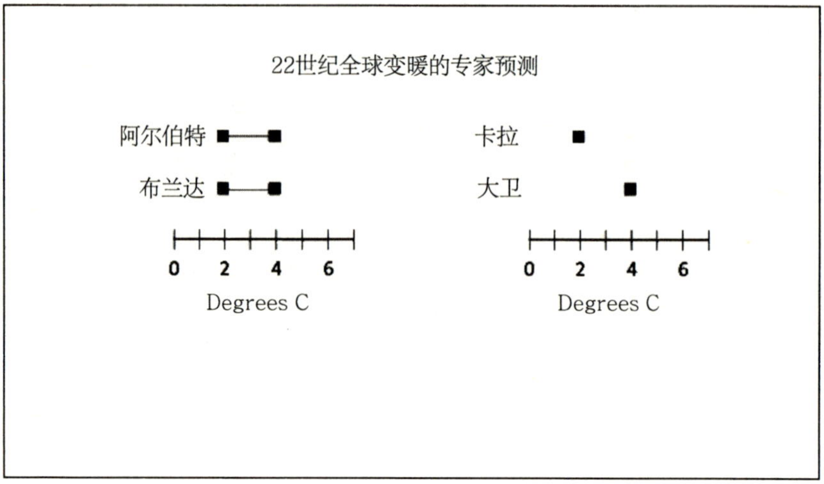

这张图有一组专家，阿尔伯特（Albert）和布兰达（Brenda）就直到22世纪的全球平均温度增长进行预测，两个人都认为温度的增长大概在2~4℃之间。第二组专家，卡拉（Carla）和大卫（David）则针锋相对，卡拉认为增长2℃，而大卫则认为会增长4℃。我对被试者的要求是，让他们评估每组专家预测的矛盾程度、含糊程度以及总体的不确定性。我测试了四种假设。

四种假设

第一个，对应的两组区间端点之间的区别越大，会让人感知到结果之间的矛盾越大吗？我预计这个问题的答案是“对”。

第二个，如果两个专家评估结果的中间点数据相同，那人们是否认为其中没有矛盾呢？我预计这个问题的答案应是“对”。

第三个，如果两组区间数据跨度范围相同，人们会判定它们之间的矛盾程度或含糊程度均等吗？我预计答案是“错”。

第四个，人们对矛盾和歧义程度的感知，是否都会对总体不确定性感知造成影响？还是其中一种，无论是矛盾还是歧义在不确定性感知中占有支配地位呢？我的假设是两者都有影响。

那么最终的结果是什么样的？并非全如我设想的那样！

人们似乎并不能区分出两组结果之间矛盾的程度

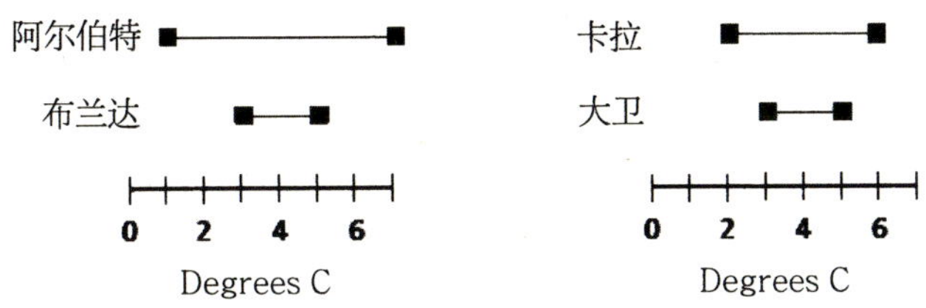

第一个假设被否决了，因为人们似乎并不能区分出在图中显示出来的两组结果之间的矛盾程度。所以对应的端点之间所具有区别的程度，并不是让人们感知到两组结果之间矛盾程度的必要条件。

卡拉和大卫的矛盾比阿尔伯特与布兰达组大

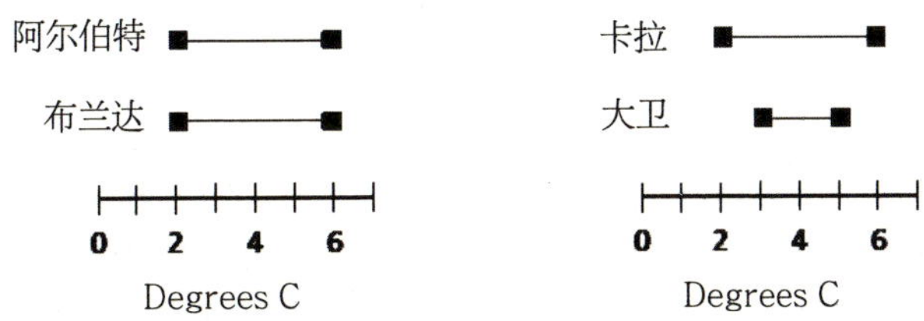

与我第二个假设相反，结果强烈地表明，人们确实能看出两组不同范围的区间之间的矛盾，即使两者的中间点相同也是如此。

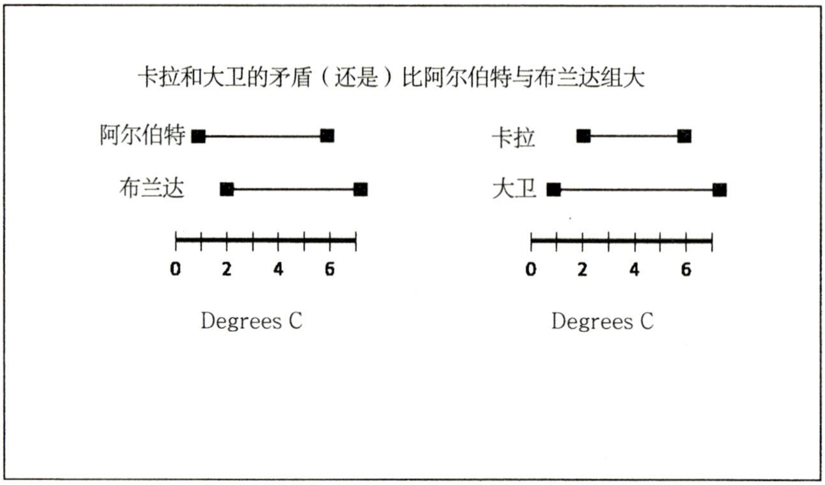

而我的第三个假设受到了支持，就算两组区间跨越同样范围的数值，人们仍然可能不把它们当成均等程度的矛盾或歧义。而支持这个假设的结果里，有一个让我大吃一惊。我的模型或那些经济学课程里的模型完全没有预见到，一对共享同个中间点的嵌套区间会被认为，比一对非嵌套但相交且其两端与嵌套型保持一致的区间，更具冲突性。

现在上图里显示的就是这两组区间，似乎人们不仅对分歧结果区间的位置和端点敏感，还对分歧的幅度敏感，也就是说专家们对分歧的不确定性也很敏感。最后我的第四个假设也获得了数据的支持，人们在考量总体不确定性时，确实会考虑到歧义和矛盾两者的影响。

如你所见，我们才刚刚开始理解由矛盾信息引起的无知和由歧义或模糊信息引起的无知之间的区别。无论如何我们已有了一些发现，似乎能够撑过以后的考验。总的来说，人们认为明确但矛盾的结论不如模糊但一致的结论具有可信度。下次你再观看一个小组或团体尝试建立起一个可行的共识，我打赌你肯定会发现他们制造了一个稍微有点模糊或有歧义的共识。因为如果太明确就会产生矛盾，组织会忍受歧义以便避免产生矛盾。

我们也看到人们对矛盾和歧义的反应，就好像它们是不同类型的无知，而且都与概率不同。所以，我们有行为证据表明这是三种不同类型的无知。到目前为止，我们已经完全确定地锁定了决策任务中重要的一环——对可能结果的了解。但当我们面临不知道所有可能结果的情况时，会发生什么？我们下一节再来讨论这个问题。

样本空间无知：我们不知道接下来会发生什么

在很多现实情况中，我们不仅要在不清楚部分结果时做出决定，甚至可能在全部结果都不了解时做出决定。这种“无知”就是“样本空间无知”，它相当接近我的分类学中“缺失”这一术语。

为什么样本空间无知很重要呢？有两个主要原因。第一，我们倾向于低估新事件发生的概率。第二，我们对结果发生概率的直觉判断取决于我们认为有多少种结果存在。我将解释这两种原因以及它们之间的联系，从第一个原因开始。

全纳低估偏误

1978年，巴鲁克·费斯科霍夫（Baruch Fischhoff）、保罗·斯诺维克（Paul Slovic）和莎拉·利希藤斯坦（Sarah Lichtenstein）研究人们对一个事件可能原因的概率分配。比如，汽车熄火的原因。

汽车可能熄火的原因	
电池耗尽	电池问题
电池连接线断了	
电池线被腐蚀	
没有油	没有油
防盗系统故障	防盗系统故障
方向盘被锁定	方向盘被锁定
点火开关故障	点火开关故障
启动马达坏了	启动马达问题
启动器电磁阀损坏	
中性安全开关问题	
……	……

他们发现，相比于笼统含糊地称为“其他全部原因”，明确地列出这些原因会得到更高的概率估计。针对这种效应提出的一种解释类似于那句古谚语“眼不见心静”，因此这种效应被称为“全纳低估偏误”（Catch-All Underestimation Bias）。此后的许多研究证实了全纳低估偏误，并且尝试对它进行解释，并得出了一个关于在不了解所有可能的结果时，我们如何做出概率判断的理论。

全纳低估偏误中最重要的含义之一是，我们倾向于低估我们还没有看到的原因或事件的概率。所有这些看不见的事件被一起打包成一个单独的分类，因此我们倾向于低估它们中任何一个在未来某个时刻会发生的可能性。两个推动全纳低估偏误的关键因素，一是被阿莫斯・特沃斯基（Amos Tversky）和德里克・科勒（Derek Kohler）所谓的对可能事件的“打包”和“拆分”。把一个复合事件拆分成互相独立的部分，比如，把癌症拆分成乳腺癌、肺癌、胃癌，等等，易于提高事件的感观可能性。一个直接的含义是拆分一个假设或者打包它的对立面会提高这个假设的可能性。我们人类的行为在这里并不符合概率论，那么我们是怎样做的呢？一个可能的解释是，我们根据事件发生方式的次数来评估事件发生可能性。我们能想到越多导致某一结果的途径，似乎这个结果就越可能发生。

分配相

这把我们引向了全纳低估偏误的第二个驱动力。继特沃斯基和科勒的研究之后，尤瓦尔·罗腾斯杰克（Yuval Rottenstreich）和阿莫斯·特沃斯基证明了，不仅拆分一个复合事件会提高它的表面可能性，对拆分后子事件的单独概率的评估还能更大程度地提高总体主观概率的判断。克雷格·福克斯（Craig Fox）和罗腾斯杰克注意到了这一发现，并且发现了人们对一组事件的概率判断都受到被考虑到的事件总量的严重影响。在他们的一个实验中，问一半的参与者，一周里周日是最热的一天的概率是多少。而问另一半参与者，一周七天里周日是最热的一天的概率是多少。第一组参与者认为这个概率是二分的：星期天要么是最热的一天，要么不是。因此，他们中很多人回答50%。第二组则被提醒了一周中有7天，因此他们中的大多数人都正确地回答了1/7。

这一现象就是“分配相（partition dependence）”。如果我们认为有N种可能事件，并在不了解每个事件可能性的情况下，我们会倾向于评估它们中每一个的概率都是1/N。甚至当我们有证据表明某一事件比另一事件更有可能时，我们依然会受到1/N这一直觉的影响。如果我们对N估值错误，就像福克斯和罗腾斯杰克研究中的参与者那样，我们会使用错误的事件划分。

在现实世界中，“分配相”会有问题吗？会。我们的直觉会误导我们到一个错误的分配中。假设你知道三家制药公司都在开发新种类的抗癌药物：分别是A、B和C。你刚刚了解到一间独立的实验室比较了A和C的效力，确认发现A比C更有效。如果你必须基于现有证据，在A和B之间选择给一名癌症患者用药，你会不会更偏向于A呢？

根据福克斯和勒瓦夫（Levav）在2005年的一项研究，我们中的很多人会推论，作为最有效药物，C已经被排除了。所以最强药物就剩下两个相等可能的概率：A或者B。因此，三者中A是最有效的概率是1/2，也没有A比B好的理由。这里我们基于二分分配推论出：不是A就是B是更有效的药物。

只有通过比较全部三种药物的研究结果得出A比B和C都更有效，我们才能评估概率，得出正确答案。我们需要考虑这个结果中包含的三种药物有效性排序的所有可能。可能的顺序是ABC、ACB、BAC、BCA、CAB、CBA，这里字母的顺序表示它们的排序，比如，ABC表示A ＞ B ＞ C。最后三种顺序，BCA、CAB和CBA已经被排除了。因为它们都是C居于A之前。这样留给我们的就是ABC、ACB和BAC，一个三重分区而不是一个双重分区。三种排序中有两种，A都是最有效的。因此比较全部三种药物的研究推断出A是最有效药物的概率是2/3。根据概率，我们应当明确偏向于A。

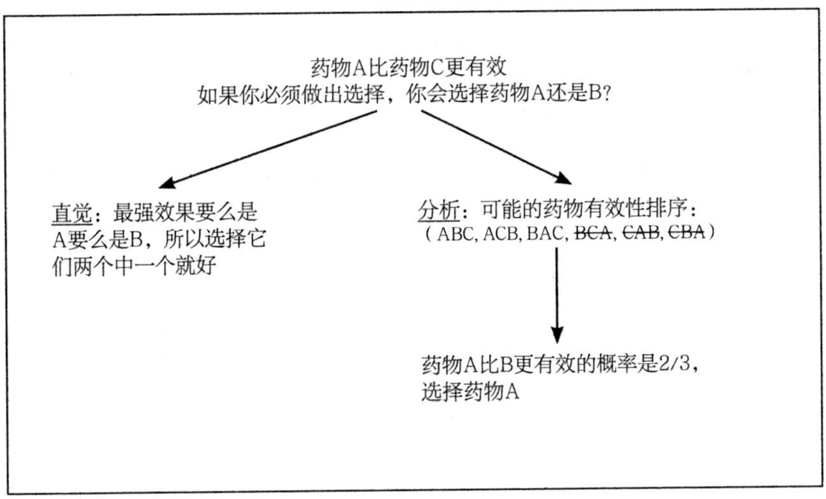

只要用心去找，你会在很多地方发现“分配相”的问题。有些非常有趣的例子是，人们会自行创建分配。法律就是个好例子。

两种对待证据的法律传统

双重分区	三重分区
有罪——如果犯罪的概率极高时 否则无罪	有罪——如果有罪证据概率为……？ 证据不足——如果有罪证据概率为……？ 否则无罪
	学术界质疑： 定罪率下降 对定罪更严苛

在大多数西方法律体系中，刑事审判中的陪审团被要求在两个裁决中上交一个：定罪或无罪。这是一个双重分区：被告要么有罪，要么没有。陪审团通常被指示说，只有在他们“排除合理怀疑”时才交回定罪裁决。这样很多人就把这个意思理解成一个很高的有罪基线，低于这个很高的有罪基线的应该被判无罪。

有例外的是苏格兰的法律传统，它允许第三种中立的选项，证据不足。所以陪审团有一个三重分区：被告有罪，或者无罪，或者他们不确定。在这一选项是否应该被引入到其他国家的法律刑事审判的争论中，法律学者和其他利益相关者的一个普遍观点是，引入证据不足选项会导致定罪率进一步下降。一个原因是这个选项比给人定罪更轻松，因此会受到陪审团的偏爱。另一个原因是，当证据不足这一选项有效时，陪审团对于定罪会更加苛刻。

我们的两名优等生，莎拉·戴迪（Sara Deady）和拉维尼娅·格林西科（Lavinia Gracik）同我一起，通过一个对经验性证据的检测，对法律学者的推测进行验证。我们做了一系列模拟法庭的实验，其中一半的参与者可以选择证据不足选项，而另一半不行。所以后面那一半人只能选择要么有罪要么无罪。

我们的实验检测：	
双重分区	三重分区
有罪——如果犯罪的可能性极高时 否则无罪	有罪——有罪证据概率很高 证据不足——有罪证据概率居中 无罪——有罪证据概率很低
	实证结果： 无罪判决减少 学术界质疑 完全错误！

在有证据不足这一选项时，参与者会提交更少的有罪吗？没有，事实上他们提交了更少的无罪。比起那些只能要么有罪要么无罪的人，他们对无罪证据的标准变得更加严格，但是他们对定罪证据的标准和另外一组人一致。我们发现那些提交“证据不足”的参与者，对有罪的判定概率居中，高于交回无罪的那些人，低于交回有罪的那些人。法律学者的推测是完全错误的，引进苏格兰选项的主要影响是，它让被告获得无罪释放以及免受惩罚变得更加困难。

现在，你应该已经很大程度上被说服了。当有不同类型的未知时，人们的行动或许更倾向一种而不是另一种。但是人类的大脑究竟是如何运作的呢？是否还有其他可能？当它面临来自概率、歧义、矛盾或者样本空间无知的未知时，大脑中发生了什么？是大脑中的不同的结构被激活？还是有一个像神经经济学家声称的“奖惩中枢”一样的“无知中枢”？让我们在下一节中观察大脑。

不同类型的无知涉及不同的大脑网络吗

科学家们已能颇有信心地表示，人们表现得好像可以辨别不同类型的未知。但能辨别不同的未知，并不代表了解大脑的运作方式。我们为什么需要了解大脑？如果所有不同类型的未知，都由相同的大脑结构处理，那么这个结构中的运行机制，一定能解释不同未知中的行为区别。另一方面，如果不同的未知激活了不同的大脑结构，那么不同结构的性质也能解释我们在面对不同未知时的行为。

奖赏中枢

说到与大脑相关的证据，我们需要看看脑成像的研究以及最近新兴的神经经济学。该学科试图把与大脑相关的证据和行为学证据相互联系起来。神经经济学家起初探索的问题是，是否有这么一个奖赏中枢，负责评估决策中的期望结果。在过去的二十年里，研究者们对于这个中枢逐渐有了一个大体一致的认同，这个中枢包含了早期的边缘系统和近期发现的脑皮层系统的交互作用。

奖赏中枢结构

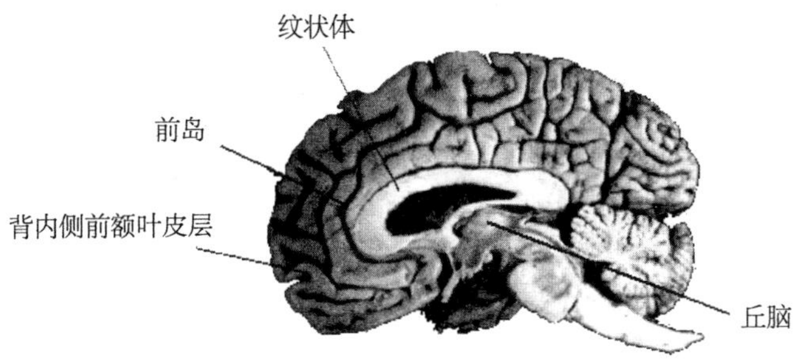

最被认为是奖赏中枢的结构是纹状体和中脑。事实上，奖赏中枢这个词也许有点被误用。正如大脑其他的基本功能，评估奖赏的过程分布于好几个相互连接的大脑区域。2013年，一篇综合了206篇期刊文章的分析，确认了前岛、背内侧前额叶皮层、背侧及后侧纹状体以及丘脑，都是评估奖赏的主要区域。

奖赏中枢也会参与到未知中吗

一些神经经济学家起初认为奖赏中枢也许也能用以评估未知，但这个观点和古典经济学家的观点相冲突。即理性的个体，对于奖赏和不确定性的处理是相互独立的。比如，无论掷硬币的赌注是1元还是1000元，硬币正面朝上的概率总是1/2。因此，有什么证据可以证明“大脑将奖赏和不确定性相关联”的假说呢？

有两类证据能够证明这个假说的可能性。首先，舒茨（Schutz）及其同事在2008年发表的文章中曾提出证据，指出奖赏结果值的方差是由奖赏中枢的某些结构所评估的。方差是不确定性的指标之一，并且差异性是与概率和歧义相关联的一种特殊类别的未知。

其次，有大量实验证据显示，人类和其他动物对于迫切事件和概率有着类似的反应。迫切事件被看作是概率高的事件，而延后的事件则被认为是较不可能发生的事。延迟的结果和概率小的结果类似，都是不被人所重视的。所以，用于评估延迟奖赏的中枢结构也许和评估概率的结构是一样的。但是，脑成像研究表明，概率和延迟似乎附属于不同的大脑区域。

比如说，概率上的不确定性激活了前内侧皮层，而这个区域的功能与奖赏中枢无关。现在我们来看一个研究，这个研究考察了是否有所谓的“不确定性中枢”，该中枢是一个用以评估未知的相互连接的大脑群区。

大脑对歧义的处理与概率不同

在2005年的一篇标志性文章中，许明（Ming Hsu）和他的同事们发现，选择中的歧义程度和杏仁体及前额叶底部的活跃程度呈正相关，但和纹状体的激活呈负相关。要知道，纹状体是在大脑评估期望奖赏时所被激活的。他们的研究还测试了有前额叶底部损伤的病人，这些病人丧失了前额叶底部所行使的功能。毫无疑问，这些病人对决策任务里的歧义及风险程度非常不敏感。这些发现使许明和他的同事们提出了对不确定性程度所反应的神经回路，即不确定性中枢。

除了这个潜在的不确定性中枢，许明和其同事在2005年的研究里还指出大脑对歧义的处理有别于概率。在2006年，许特尔（Huettel）和同事也报告了，大脑对赌博中做出歧义反应的区域，与对概率不确定性反应的区域有局部不同。许明和许特尔的研究分别证明了在歧义下的决策并不是风险决策的特别例子，而是独立的大脑机制的一种不确定性，也许并没有所谓的统一的不确定性中枢。

几年后， 2011年的一项研究发现了更多神经学上的证据，表明行为和神经系统对歧义的反应，也许并不是由评估不确定性概率所驱使的。所以这便强化了“大脑将概率和歧义当作是不同类型的未知来处理”的这一假设。

那么，例如，样本空间无知和冲突的其他类型的未知又是怎么样的呢？至今只有一项研究有过探究。海伦·普希卡斯卡娅（Helen Pushkarskaya）是该研究的首席研究员，我当时被邀请参与设计这个实验并且分析数据。我们在2010年发表的文章中指出，样本空间无知最活跃的区域和歧义激活的区域明显不同。我们部分重复了许特尔和许明关于歧义激活脑区域的发现。另外，冲突则激活了纹状体的相关区域，证明了处理这一类的未知或许也附属于奖赏中枢。这些发现表明，处理样本空间无知和冲突的神经网络，有别于处理歧义和概率的那些神经网络。

所以现在是怎么样的一个情况呢？

我们正在累积证据，证明大脑运行得好是有不同类型的未知，但是我们离这些机制的全貌还有很远一段距离。我们有相当扎实的证据来证明，奖赏中枢并不是评估所有类型未知的区域。这也告诉我们，大脑必须用某种方式，将未知评估和期望奖赏合并在一起，使得人类能够在不确定性的状况下做出决策。我们也有相当扎实的证据显示，大脑在运行过程中会把概率和歧义分开处理。我们对于处理概率和歧义的神经网络有了一个粗略的了解，我们还处在探寻大脑如何处理不同类型的未知的初步阶段。

尽管这带来了重要的启示，但脑成像研究在了解人们面对未知时的观点、想法和应对方式等方面，有着显著的局限性：其一，我们能通过脑成像研究了解到有哪些结构或硬件被用于思考未知，但这些研究没有告诉我们任何关于认知过程本身的事，类似软件是如何被运行在硬件上的。我们知道这些事发生在大脑中的哪些区域，但对事情本身却一无所知；其二，则是由于大脑是大范围相互连接的。每个结构都有多重用途，比如说，纹状体是奖赏中枢的一部分，但同时也被和奖赏完全无关的信息所激活。因此，我们最好将脑成像的研究当作是试验性和暂时性的。

无论如何，这一系列的研究，让我们可以对人们是如何看待无知的进一步了解抱有期许。当研究人员继续将脑成像研究和行为研究相联系时，更是如此。此时此刻，正如物理学家伊西多·拉比（Isidore Rabi）所说的那样，科学中最令人振奋的就是那些我们尚不明了的事。

无知的意义和作用是如何随着时间演化的

本节我们将把大脑及个人行为先搁置一边，转向更高的文化和社会层次。我在之前已经说过，“无知”一词在历史上并非毫无改变。现在通过几个例子，来看看该词在历史上的变化，以及产生这些变化的缘由。我们主要关注于该词在英语语系里的变化，但我们同时也应对其在不同语种中进行类似的研究。这么做有何重要意义？由于语言是人类进行思考的首要媒介，“无知”一词含义的语言变化，恰恰也反映出我们对“无知”这一概念的认识。

那么，为什么又要把这节内容放在本章里讲呢？本章的内容主要是人们在不同类别的无知之间所做出的区分。我们了解了其中有些是有神经基础的，有些是随我们所处的时代和文化环境而变的。如果我们能将自己的祖先带回现世，我们能否与他们讨论无知？还是说我们将难以逾越彼此间存在的隔阂？我们先来谈谈“概率”这个典型的世界共通词汇，然而该词特别受限于时代及使用环境。

1662年之前“概率”一词的含义是什么

伊恩·哈金（Ian Hacking）在他于1975年写的一本名叫《概率的突现》（*The Emergence of Probability*）的书中曾提出过以下问题。基于运气游戏的历史十分久远，人们对类似于“某个事件在可能的情况下所发生的次数”这样的概念一点也不陌生。很明显，我们的祖先对运气游戏了解得一清二楚，他们也一定知道何为公平骰子和公平硬币。既然如此，为什么概率以及与其相关的数学概念直到17世纪中叶才出现在欧洲大陆？对于哈金来说，要想解答这一问题，就不得不看向语言。接着他探索了“概率（probability）”一词的早期含义，以此来支持自己的观点。

在拉丁语中“probabilis”一词，貌似代表着“可批准，可认可”的意思。所以很显然这个词和“运气”“可能性”以及“随机”等概念挂不上钩了。即便如此，哈金指出，我们需关注隐藏在其中细微的关键。

首先，在中世纪时代，人们对概率的理解，更像是一种个人看法，而不是一种科学知识。也就是说，它是在没有明确证据下产生的看法。因此“概率”一词便与证据的概念毫无联系了，更不用说其与“可能性”之间的联系了。其次，代表“可批准，可认可”的拉丁语“probabilis”，又常常引自官方认可，这又大大增加了“概率”一词与直接经验性证据之间的距离。

因此“概率”这一词在17世纪中叶以前，也就是被官方观点所认可的意思。“概率”的高低意味着该观点是被多少权威机构或人士所承认。类似“概率”一类的词，对于文艺复兴期间的科学家以及自然哲学家来说毫无用处。因为他们追随的是以证据为根本的知识，而不是简单的个人看法。

1657年，惠更斯（Huygens）写了第一本关于概率的教科书，但他没有用“概率”一词代称这一概念。与此同时，布莱兹·帕斯卡（Blaise Pascal）也首次通过概率推理的方式来解释运气游戏之外的事，决策论也由此而生。

1662年，帕斯卡与他的同事在罗亚尔港（Port Royal）发表的关于逻辑的论文，是首篇引用了“概率”一词来形容用数字衡量某一事件发生的可能性的文章。到了17世纪60年代晚期，概率论已在荷兰和英国被用以计算养老金。

哈金对这一看似突然的概率概念的解释，引自被自然哲学家以及数学家们所持已久的观点。即在传统意义上，概率应反映出证据的对错，而不是权威人士的个人看法。如此一来，类似帕斯卡这样既是数学家，又是宗教人士的人，便能把“概率”转变为全以证据为基础，而非简单的个人认可的概念。

“上帝”与“无知”间的相关性

“无知”这一词又是怎样演化的呢？我们从哪里能追寻到讲解该词历史变化的资料？谷歌Ngram语料库汇集了数百万本书籍和（或）书籍摘要，涵盖了近3个世纪的书籍。Ngram非常好玩，其中有趣的一点就是只要随意敲入几个词语，Ngram就能显示出这些词汇在英语书籍中出现的次数。接着你还能下载这些数据并加以分析，为自己所用。我当然也这么去玩了，怎么能对这么好玩的事说不呢？

19世纪到20世纪间，代表“无知”意义的词在书籍中的出现次数

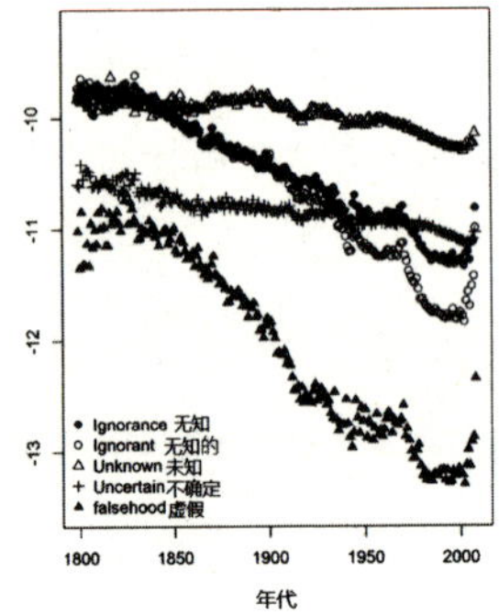

看看这张图，在Ngram的英语书籍语料库中，输入代表了不知道的“无知”“无知的”“未知”“不确定”以及“虚假”等词汇。标示了非常一致的趋势，也就是说这些词汇的相对使用率，在19世纪初至20世纪末之间不断下滑，而在最近一段时间才得以回升。给技术宅一点提示，图中的坐标点，是该词汇在某年的使用率的对数差异比，这里的5个词都有着相同的走向。

那么，是什么导致了下滑趋势呢？我们来看看“上帝”的使用频率，这一张图同样标示了该词使用率的下降。

19世纪到20世纪间，“上帝”一词的使用频率

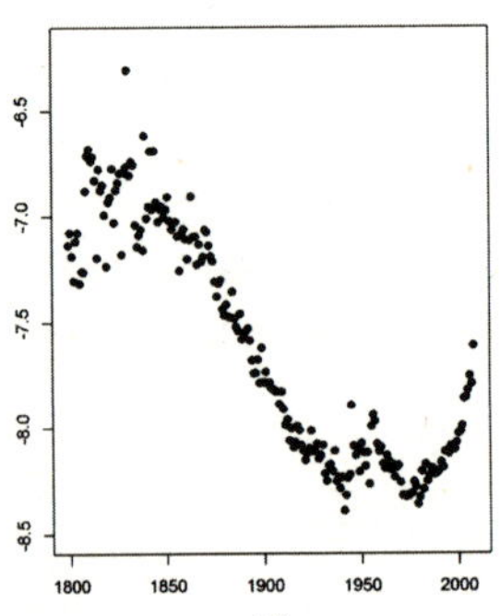

同样，在20世纪末又有转折。举例来说，“无知”和“上帝”随着时间变迁，这两个词的使用率之间的关联性是0.9。即便只看两词本身的递差的关联性，也就是忽视它们的共同整体趋势，我们还是会得到一个近于0.3的中等正相关性。

“上帝”与“无知”间的相关性

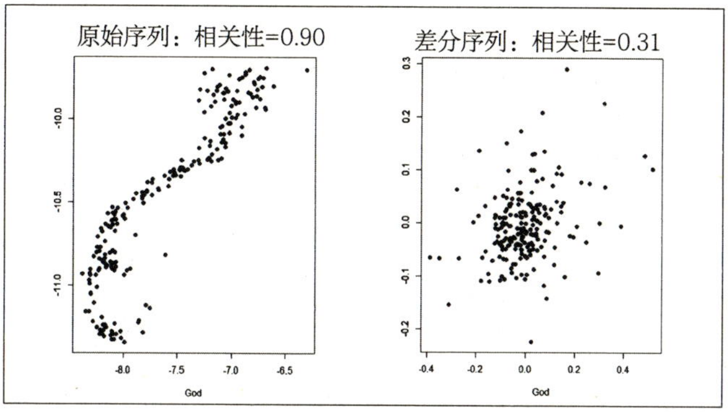

在谷歌Ngram上，我们还能阅览出现了关键词汇的书籍的部分章节。只要对这些章节稍加研究，就会发现这类代表了“无知”的词汇的使用率下降的缘由，在于某些宗教话语的变化，以及随后出现的某些特定的世俗哲学流派以及科学观点的兴起。许多早期出现的无知是用于追究人们罪责的宗教话语，尤其是基督教，以及上帝对那些无意间忽视了某些基督教教规，或者是从未接触过《圣经》的人的审判。

较为近代的俗世观点则在于对无知本质的认识，以及它们是否永远都将被归类于无知。与此同时，也对无知的道德性产生争论。在近两个世纪的时间里，这一语料库既反映出了无知这一概念的相对化和世俗化，也含蓄表达了全知上帝的逐步没落。还有启蒙概念中最为迥深的一点，即世界上存在着人们未知的，并且永远无法得知的事物，也就是不可还原的无知。在此之前，人们总认为不论自己无知与否，都存在着一位或几位知晓一切的神。

所有与“无知”相关的词汇是否也标示出了这一下滑趋势呢？并没有。这里有几个反例，“意外发现”一词首次由霍勒斯·沃波尔（Horace Walpole）在1754年创出。

19世纪到20世纪间，“意外发现”在书中的出现频率

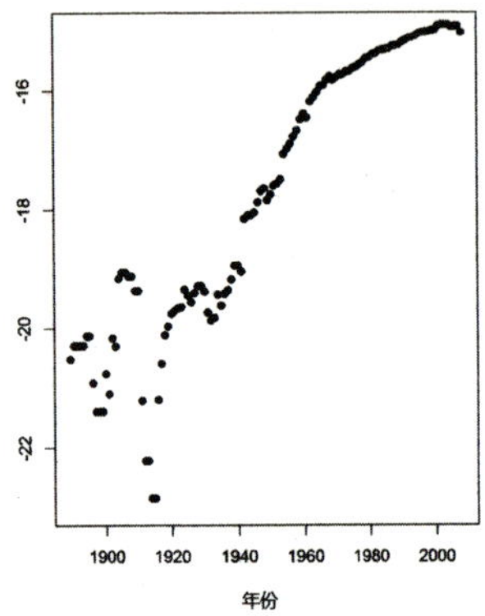

这个词出自波斯童话《塞伦蒂佩三王子》（*The Three Princes of Serendip*）其中的三位主人公，在旅途上靠着“意外和聪慧”发现许多财富。“serendip”一词是斯里兰卡的旧称，尽管这一单词在18世纪中期已被敲定，但是直到一个世纪之后，该词才出现在语料库当中。其使用率开始起起伏伏，到了20世纪一路高升，目前可能已经达到了高峰。许多关于未知以及不可知的认识论词汇也是如此，以“相对主义”为例。

这个词的使用率和“意外发现”一样有着大幅增长，在近年来也达到高峰，尽管这一词早在“意外发现”出现的50年前就开始被使用。这两个词语与“无知”一词在之前提到过的宗教话语中并没有相同根源，它们是全新的词汇，因此它们的发展也各不相同。我在多年前曾写道：“要谈论起不确定性非常困难，要了解不确定性更是难上加难，然而要理解人们如何谈论，

思考并处理不确定性并不困难。”了解我们对无知的看法是了解其他过程的关键。这些过程包括我们对无知如何思考及采取行动，如何感知及如何集体构建无知。

19世纪到20世纪间，“相对主义”的出现频率

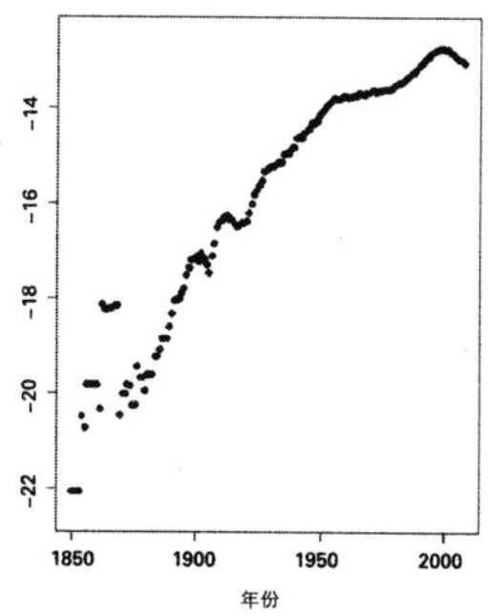

语言学在此贡献着实不小，但却一直对无知这一话题保持沉默。直到妮娜·亚尼（Nina Janich）和安·西玛琳（Anne Simmerling）站了出来，在她们最近发表的论文中，采用了语言学知识来研究无知。她们写道：“说起并写下不确定性和无知是一个完完全全的语言学行为。”她们也发起了一个目标远大的研究项目对此进行研究。考虑到近年来语言学在理论和方式上的进步，以及通过网络可触及的“大数据”。用语言学知识研究的“无知”词汇如今已经成熟。在本节以及先前的章节中，我提到了一些关于使用语言、隐喻以及数学知识来表达无知的初步研究，我非常好奇语言学家能为我们开展出什么新天地。

无知和复杂问题：系统、范围调查和边界设定

在本节中，我们会讨论复杂问题的系统，尤其是范围调查和边界设定的重要性。关于系统的问题就是，每件事之间都互相关联。因此，当你处理一项复杂问题时，你显然不可能面面俱到。因此，你必须设定一个边界，确定哪些才是你要处理的，但这个边界并非随意划定的，范围调查意味着找出所有能对你手中问题产生洞见的领域，发现所有和研究有关的内容。设定边界就是将你想要囊括在研究中的内容都包含进来。你要做的是，根据调查结果中显示最重要的内容来设定边界。

范围调查

让我们看个例子，关于网络诈骗的影响。如果你想研究这件事，许多不同领域都能提出相关的有益见解，心理学、经济学、犯罪学、社会学等等，都对网络犯罪和网上诈骗有各自的见解，这可以帮助我们思考。同时，也有大量的利益相关者有话想说。显而易见，警察、商业受害者、个体受害者和

政策制定者对于它的思考方式各不相同。你也可以从公民那里了解到他们愿意放弃什么，具体说就是放弃什么样的公民自由，以便更高效地处理这一问题，甚至和有组织的犯罪者们的交谈都会使你受益。你可以看到，从他们的视角来看事情是怎样的。因此，在范围调查中，你要做的是尽力找到所有对此有观点和看法的人，然后把他们带到你的研究中。

一种有效的思考方式就是，想象你走进了一个房间，其中正进行着许多活动。如果想要找出哪一个是你可以最有效介入的活动，你会站起来走到阳台上，俯视整个房间，对房间中发生的事有所总览。这样对全局的观察会有助于你更好理解自己的处境，并找出哪里是你最佳的介入之处，这就是范围调查的意义。

边界设定

范围调查和边界设定形影不离，正如我之前所说到的那样，范围调查使你看到各种可能性，也会让你决定哪里才是问题的中心所在。你不会想把大把的时间花在浅表的事情上，边界设定就是处理那些最中心的工作，同时考虑哪些是可行的。关键在于不要让可行性和熟悉度占据主导地位，迈克为我们强调了这个问题的部分，即这种情况可能发生的一些方式。

迈克谈到了安于现状偏误、再认知启发和确认偏误，这些都会影响到我们的行为方式：我们会觉得和曾经一起合作过人的工作更舒服；我们会认为，用已经熟知如何使用的方式，来处理那些已经有所了解的问题会更舒服。但对于解决我们感兴趣的特定问题，这些却不是最需要的。由于以上偏误的存在，产生新想法会很困难，而且也许我们根本触及不到中心问题。所以在设定边界的时候，我们要平衡我们想要做的事情和可行性之间的关系，同时要专注于范围调查所确定的中心问题。

处理问题及边界设定中另一项重要问题，是交易成本和机会成本。交易成本是指明智地使用资源，而机会成本则是在各个备选项之间做出选择。举例来说，我们可能决定要了解犯罪者的视角，但与此同时，我们发现这件事的成本高到难以估量，同时又非常危险。那么同网络犯罪的罪犯合作就产生了交易成本，如果我们把所有的资金都投入到这里，可能就没有办法做其他的事情了，可能还有别的备选项可以考虑，同样可以有效地为我们提供关于这一问题的看法。

因此，边界设定帮助我们确立中心问题，我们不仅仅是要处理可行的那部分，我们还要尝试管理交易成本和机会成本。范围调查所得的是整个问题的驱动力，它所确立的中心驱动整个问题，而非确保其实践性。但实践性本身也同样重要。

让我们回到不完美这个问题上，复杂问题是系统性问题，而不完美性是其中必然的一部分。我们无法处理整个系统，范围调查常常无法完成或是无法圆满，边界也可能是因可行性和熟悉度而设定，而非重要性。我们着手的也许未必是问题的核心，我们可能还在表面问题上打转，这些都很重要。我们可能会说，如果真的这么难，那还何必计较我们所做是否适当，干吗不干脆选个轻松省力的做法呢？这里，也许我们可以更好地权衡一下。它的关键是学会什么是足够好的，什么是最佳可能，而非放任自流。

我们的挑战在于，更深入地理解权衡无处不在，并在所处的环境中找出最佳的可能性，这将花费大量的努力和思考关于我们所做的工作，以及我们更好地处理复杂问题的能力。

IGNORANCE

05

无知何时是好，何时是坏

在这一章里，我们来考察无知于我们何时有利何时有害。对此我们已有一些线索，可分辨或可制约的无知构成了娱乐、探索、创新以及个人自由感知的基础。有些事情我们永远都不愿意了解，因为它们要么无关紧要、要么令人苦恼、要么犯了忌讳。但究竟什么时候知道得越多越有害，或者说什么时候知道得越少反而越有利？我们将了解到，某种情况下一味追求信息量或精准性是徒劳的，某些种类的无知是如何保留下来的，在何种条件下无知者可以伪装成万事通，甚至像赌徒式的欺骗性启发式思维方法也能适用。

什么时候知道更多反而结果更差

我们先来探寻，在何种情况下，知道更多反而结果更差。

有一个广泛被认可的说法是，更多的信息和知识能够优化我们的判断和决策。我们大部分人确实都因拥有知识、洞悉世事而获益匪浅。因此，能处理更多信息理所当然地令我们对自己的决定和判断更加自信。

已有实验结果证明，我们不喜欢在缺少信息的情况下做出决策。然而，对无知的缺点的过分在意会使我们在重要领域步入歧途。并非所有的信息都有了解的价值，而且某些情况下信息越多越坏，撇开那些显而易见的情况，如令我们情绪崩溃的信息、虚假信息或者极端的信息过载。我们来考虑信息并未过度的情况，即我们完全有能力处理这些信息并做出反馈，且这些信息都是真实的，这样的状态会怎样？答案是，会让我们在暗中跌倒。

信息对决策的影响

2007年，克里斯托·霍尔（Crystal Hall）、林恩·阿里斯（Lynn

Ariss）和亚历山大·托多洛夫（Alexander Todorov）在一篇论文里描述了一个有趣的实验。这个实验中有一半的参与者被告知NBA球赛里两支比赛球队的技术统计数据（半场得分和胜负记录），要求他们来预测比赛的结果。而另一半人除了相同的统计数据，还获知了球队成员的名字。篮球迷们在获知额外的信息后对他们所做的预测信心更足，但获知队员的名字同时令他们低估了统计数据，从而降低了预测的准确度。

可以看出，即使是额外的无关信息，都可以让我们对自己的判断更具信心。但糟糕的是，额外的无关信息能够分散我们在相关信息上的注意力。似乎我们内心有一种直觉，认为即便有些信息是无用的，在进行判断时仍然应该把所有已知信息考虑进去。类似地，专家们在他们的专业领域中似乎能够做出比新手更好的决定，因为专家们的专业知识让他们能够掌握更多的信息。

然而，将专家和新手所做决策的结果仔细对比后，得出了一个相反的结论。在做决策时，专家们实际上比新手使用的信息更少，尤其在时间紧迫或有大量信息需要筛选时。玛丽·奥莫代伊（Mary Omodei）和她的同事们研究了专家们的决策方式。他们于2005年发表的论文中认为，专家们懂得对信息去粗存精，而新手们则由于把所有的信息都用上，从而走了弯路。

然而，即便是专家，仍会被无关信息误导。史蒂芬·莱万多夫斯基（Stephan Lewandowsky）和他的同事们在研究森林火灾消防专家时就找到了证据。他们考察了老练的野火消防员们如何预测模拟野火的扩散方式。这里有两个主要的相关变量：风速和地形坡度。通常火势会向上坡扩散，也会随着风扩散。

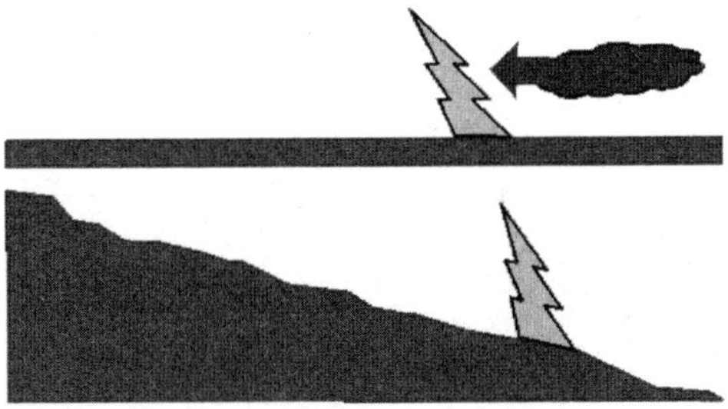

通常火势会向上坡扩散，也会随风扩散

假设有向坡下吹的风，如果风力足够大，火势就会被推着向坡下扩散，否则火势会顶风向上坡扩散。

如果向下坡的风力足够大，火势就会被推着向下坡扩散

但如果风力较弱，火势就会顶风向上坡扩散

但实验表明专家们的判断还基于另一个额外信息，即如果野火的规模是可以控制的，专家们会认为火势将随风向坡下扩散。但如果同样规模的野火被指定为迎面火（即消防员自己放的火），专家们就做出了相反的预测，即

火势会顶着风向上扩散。显然这事很滑稽：火并不知道是谁放的它。

火势扩散的方向取决于谁放的火……

莱万多夫斯基的团队在实验室里重现了这个现象，并将其命名为“知识配分”，用以描述人们从同一组数据里得出了两个相反结论。每个结论都由一个无关的背景线索触发，导致它们因额外的有关知识出错。

再认知启发

但是，难道知道更多不会提高选择正确的机会吗？很多年以前，一位名叫彼得·艾顿（Peter Ayton）的英语教授访问一所土耳其大学，想出了一个奇怪的点子。他让土耳其大学的学生预测32场英国足总杯第三轮比赛的胜者。土耳其学生对此所知甚少，所以他认为预测的准确率不会高于50%。出乎他预料，土耳其学生不仅给出了更高的准确率（63%），而且和那些精于此道的英国学生的准确率（66%）一样好。

土耳其学生是如何做到这一点的？他们使用的方法被称为“再认知启发”：当他们认出一支队伍的名字或队伍发源的城市时，有95%的可能就会预测那支队伍赢。如果两支队伍他们都认识，那么其中的一些人就会应用所知的信息从中来判断，都不认识那就猜一个。

再认知启发为何能产生比预期更好的效果？土耳其学生能认出队伍或

城市，是因为它们比其他队伍更成功，于是会有更多的机会出现在体育新闻里。因此越成功的队伍，越有机会为土耳其学生所了解。换句话说，认知线索是与足总杯比赛结果强烈关联的。另外，很多精于此道的英国学生熟悉所有队伍，他们没办法使用再认知线索，只能依靠知识线索，也就是他们对那些队伍的了解。那么，再认知线索为何能达到和知识线索同样的预测效果呢？一个可能的解释是，再认知线索与足总杯比赛结果的强关联程度比知识线索更高。

“少即是多”

在1999年和2002年发表的两篇经典论文中，丹·戈德斯坦（Dan Goldstein）和戈尔德·吉恩泽（Gerd Gigerenzer）展示了一些与艾顿相似的以实验为依据的论证。实际上，他们论述的是具有较少知识的人，不仅有可能在进行决策时做得同那些具有更多知识的同人一样好，甚至还可能超越他们。这种更无知的人在决策时胜过知识渊博的人的现象，被称为“少即是多”效应。对于那些坚信更多信息成就更佳决策的人来讲，“少即是多”效应实在令人困扰。这也引起了小范围的研究与争论热潮，这些研究与争论主要在于两个问题：它会在多大范围内以及在什么条件下生效？

2009年8月，我到访牛津与那里的两个同事一起工作，因他们的慷慨我被安置在基督圣体学院。在某个静谧的夜晚我悟出了“少即是多”效应的原理。简而言之，如下是2010年我在一篇论文中提出的主要观点。

我们用一个无知者（某个只能认出一部分队伍的人）和一个能认出所有队伍的万事通来作对比。假设他们两人对共同了解的队伍所知的信息是相同的，那么就存在三种不同的可能性分组：无知者两支队伍都能认出来，无知者两支队伍都认不出来，以及无知者只能认出其中的一支队伍。

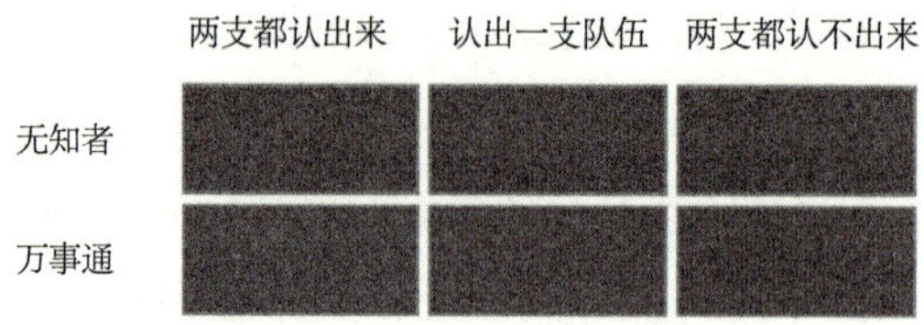

有三种可能性分组

第一种情况无知者和万事通大概能做得一样好，因为他们在使用一样的知识线索。

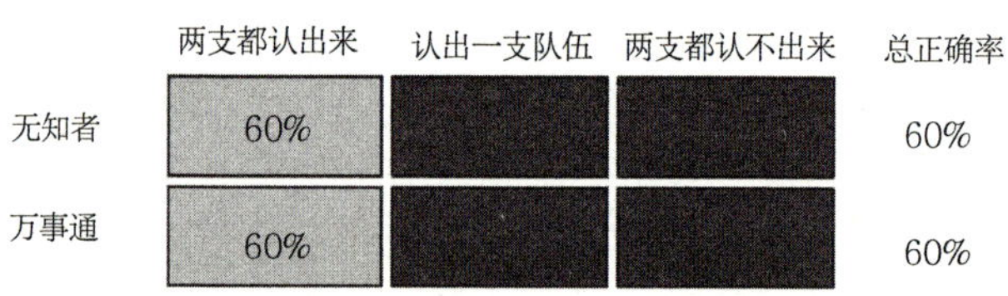

当无知者两支队伍都能认出来时，无知者和万事通的表现相同

第二种情况无知者只能猜测，而万事通依然能够使用知识线索。

	两支都认出来	认出一支队伍	两支都认不出	总正确率
无知者	60%		50%	55%
万事通	60%		60%	60%

当无知者两支队伍都认不出时，万事通的表现就会胜出

假设在这三组情况里，知识线索的准确度高于猜测，那么在无知者两支队伍都认不出来的情况下，万事通的表现就会胜过无知者。到目前为止万事通的胜算大。但在第三种情况下，无知者开始使用再认知线索，而万事通依旧使用知识线索。此时就是再认知线索可能胜过知识线索的时刻。

	两支都认出来	只认出一支队伍	两支都认不出	总正确率
无知者	60%	64%	50%	58%
万事通	60%	60%	60%	60%

当无知者只能认出其中一支队伍时，无知者可能胜过万事通

但它还必须得是远远胜出，因为只有抹平猜测对阵知识线索中落后的部分，并且还有剩余，才能令“少即是多”效应生效。

	两支都认出来	只认出一支队伍	两支都认不出	总正确率
无知者	60%	73%	50%	61%
万事通	60%	60%	60%	60%

只有当再认知启发远远胜出知识线索本身时，无知者才会击败万事通

现实生活中这样的情况会不会出现？会。“少即是多”效应在现实世界的环境已多次被证实，如预测体育比赛结果和两城市中哪个城市人口密度较大。需要提醒的是，无知者能胜过万事通的条件并不能经常被满足。所以，学生们不应因此而罢课，老师们也不应放弃教学，获取更多知识仍然是最佳的解决问题的途径。尽管如此，我们还是给那些坚信更多信息或知识能使决策更佳的人敲了敲警钟，事情并非总是这样，尤其在它们与我们需要预测的事情无关时更是如此。

什么时候追求确定性是无意义的

一个广为接受的观点认为，如果我们通过理由充分，以证据为基础的方法，在不确定的状态下做决定，多数情况下我们会做出正确的决定。当然，我们难免误判，但大多数情况下会成功。

真的是这样吗？事实上，有些情况下即使每个做决定的环节都完美无误，我们仍然常常做出错误的决定。我会提供一些现实生活的例子，来证明这些情况其实是出乎意料地常见。这一点与徒劳寻求更大确定性有什么关系？即使在我刚提到的那类困难情况下，更大的确定性也有助于我们的决策。但问题在于，要做到这一点所需要的确定性是难以达到的。

失踪者案件决策

这里有一个关于执法的例子，假设你是一个辖区的警察长官，你必须决定如何分配资源去解决一个失踪者的案件。最坏的情况是这个失踪者被谋杀了。

虽然警察需要认真对待所有的失踪案件，但因为大部分案件并不涉及谋杀。把所有失踪案件看作潜在的凶杀案件是非常低效的。大多数的失踪者在失踪1周之内被安全找到，几乎所有人都会在1个月之内被找到。

但是根据标准程序，如果失踪者在24小时之内没有被发现，你就要进行危险性分析，考虑各种可能性。比如，情况是否可疑，是否反常，或者是否有证据表明犯罪行为的发生。进行危险性分析的最好方法是什么？你做出正确决定的可能性有多大？

一个富有代表性的英国研究调查了2000年到2002年间，发生在英国的32705起失踪案件。其中0.6%的失踪者被发现死亡，这是一个很低的比例。失踪案件虽然不一定死于凶杀案，但也会是个很让人头痛的问题。因为作为长官，你需要决定如何分配资源来处理案件。

你有多年的经验，有从经验丰富的调查员那里继承的智慧。你读过相关的文献，你知道凶杀案受害者会在哪里被找到，还有各种危险因素，包括年龄、性别、是否涉及卖淫或者贩毒、最后出现的公共场所，以及有无企图自杀的历史或者心理健康问题。

接下来你要根据一些我称之为“D”的判断标准，来决定是否分配更多的资源去调查一个失踪案件。D标准包括了失踪者可能已经死亡的所有指标，评价D好坏的常用指标有四个：

灵敏度（sensitivity）：当失踪者被发现死亡时，D存在的概率。

专一性（specificity）：当失踪者被发现活着时，D不存在的概率。

阳性预测值（positive predictive value）：当D存在时，失踪者死亡的概率。

阴性预测值（negative predictive value）：当D不存在时，失踪者活着的概率。

灵敏度和专一性衡量死亡案例中D出现的概率以及非死亡案例中D不出

现的概率。另外，预测值告诉我们根据D做出正确判断（死亡或者非死亡）的概率。假设D的灵敏度是0.99，专一性是0.99。这些数值都比英国研究中得到的有价值的预测值高出许多，所以我们讨论的是一个不可能达到的高确定。下面的表格展示了D 对于死亡案件和非死亡案件的区分能力。

	D 存在	D 不存在	
失踪者死亡	0.99*198=196	0.01*198=2	198
失踪者幸存	0.01*32507=325	0.99*32507=32182	32507
	196+325=521	2+32182=32184	32705

当D出现时，失踪者死亡概率=196/521=0.376

假阳性概率=1−0.376=0.624

分配更多资源到出现D的案件时，你有62%的机会会犯错

由于灵敏度是0.99，没有出现D的死亡案件有0.01乘以198，即两个案件。在余下的196个案件中准确地出现D。同样，由于专一性是0.99，出现D的非死亡案件有0.01乘以32507，即325例，即有325个案件出现D，但失踪者依然活着。但是325与准确判断死亡的数字（196）相比，是一个相当大的数字。因此阳性预测值并不理想，当D出现时，失踪者死亡概率仅为0.376。错误的阳性判断，即假阳性概率是1 − 0.376，即0.624。如果作为长官的你决定分配更多资源到出现D的案件，有62%的机会你会出错。

能否降低假阳性概率？一个显而易见且经常被推荐的方法是，更进一步地调查能够预测失踪者死亡的因素和凶杀案受害者的死亡条件。这些调查可以与英国研究中复杂的分析相结合，以提高灵敏度或专一性，抑或是两者同时。但是这个方法会多有效？事实上，提高灵敏度只对阳性预测值带来微不

足道的影响。那提高专一性呢？看起来是很有希望的，但具体计算以后会发现不然。

	D 存在	D 不存在	
失踪者死亡	0.99*198=196	0.01*198=2	198
失踪者幸存	0.006*32507=195	0.994*32507=32312	32507
	196+195=391	2+32312=32314	32705

当D出现时，失踪者死亡概率=196/391=0.501

假阳性概率=1-0.501=0.499

分配更多资源到D出现的案件中，你有49.9%的机会出错

为了使阳性预测值达到势均力敌的0.5，专一性需要0.994。要使阳性预测值达到0.9，专一性需要0.9993。因此测试需要极为准确，才能避免在多数情况下出错，而这些是不可实现的标准。警察在决定资源分配处理失踪案件时，将不可避免地面临一个相当大的错误率。当然这并不意味着提高失踪案件的凶杀预测是全然无用的。如果我们期望这样的改进能将正确决定的概率提高至令人满意的水平，那将是徒劳的。相反地，你作为长官很有可能因此被上司或者媒体责备，把金钱和资源“浪费”在这些出现D但失踪者安然无恙的案件上。

如果结果呈阳性，有必要担心吗

困难的根源在于我们想要预测或者判断的事件在人口中发生的概率很低。这个事件越罕见，我们越有可能得到高假阳性概率，即使灵敏度和专一

性非常高。这种问题常常发生在预防性医学检查中。例如，孕妇想要检查胎儿得唐氏综合征（Down Syndrome）的可能性。根据澳大利亚政府在2002年公布的健康评价报告：以单一模式检查时，在前3个月测量（胎儿）颈后透明带（nuchal translucency）的标准筛查，对唐氏综合征的检出率约为73%~82%。外加的超声波检查能进一步把唐氏综合征的检出率提高到95%。下面的表格给出了最乐观的灵敏度和专一性，即95%。

	阳性结果	阴性结果	
患唐氏综合征	0.95*128=122	0.05*128=6	128
没有患病	0.05*99872=4994	0.95*99872=94878	99872
	122+4994=5116	6+94878=94884	100000

D出现时的阳性概率=122/5116=0.0238

假阳性概率=1-0.0238=0.976

97.6%的阳性测试结果都是假的！

同时，每100000例新生儿中约有128例患唐氏综合征。我在表格中给出了这个概率，唐氏综合征是罕见的，因此阳性预测值仅为2.38%。假设测试结果指出婴儿患唐氏综合征，婴儿最终的确患唐氏综合征的概率约为2.4%。如果这些检查用于所有孕妇，将会给许多孕妇及其伴侣造成不必要的失望，因为97.6%的阳性测试结果是假的。

2010年7月发表在《美国医学会杂志》的一项研究引起了轰动。该研究发现接受疫苗注射的2176名HIV非感染者中，908名测出HIV阳性，假阳性概率约为41.7%。现在假设一种疫苗被成功研制出来，但依然存在这种活性问题，约42%接种疫苗的人会测出HIV阳性。在一个HIV感染率低的国家，大比例的人口进行疫苗接种和测试，会导致重大的灾难性结果。大部分HIV非感染人群会被告知患有HIV。这并不是说，HIV疫苗不好，重点是它会给HIV检查造成混乱。

医疗预防性测试的困境与警察长官问题的主要差异，在于错误判断的负面影响会落到患者身上，而非决策者身上。然而这个问题很少在医疗测试的公开讨论中被涉及。不难理解，可能大部分的医疗研究都致力于设计更为准确的测试，但是在唐氏综合征的测试中，即使灵敏度是100%，专一性也必须达到99.87%，才能将阳性预测值勉强提高到50%。那要达到90%的阳性预测值呢？灵敏度需要达到约99.99%，一个完全不切实际的目标。实际上，这些测试绝不可能准确到足以避免罕见疾病的低阳性预测值所带来的问题。

决策者能怎么做呢？那就是在即使通过最好的方法也注定得出高错误率的决定时，与其坚持对难以达到的准确预测或者判断指示进行徒劳的追求，不如把精力放在如何应对指责上。当需要的确定性达不到时，更大的确定性也无济于事。

为什么总是有模糊和歧义

在童年晚期，我发现如果我的观点足够含糊（vague），就没人能证明我是错的。不久后我便发觉，如果我完全含糊，我就永远都不会错。比如，电梯的承载能力是多少？如果我说“在0到无限之间”，那么我不可能是错的。萨曼莎·斯托瑟（Samantha Stosur）明年赢得网球大满贯的概率是多少？如果我说“在0到1之间”，我也不可能是错的。

但是含糊至少有一个缺陷，那就是导致无法决策。含糊可以使人无能为力。如果电梯设计者对电梯承载能力的估计介于0到无限之间，那么没有人能决定这个电梯是否能承载重量。如果我对斯托瑟获得大满贯的概率无法估计得比0到1更为精确，那么无论博彩公司提供给我的赔率是多少，我都找不到好的理由去下赌注。

不过，在预测一些我们不太了解的事的时候，一定程度的含糊看上去不仅自然而且也很谨慎。从政治到度量，含糊并不难察觉，几乎无处不在。在称体重的时候，体重秤给出的体重可能会上下浮动半公斤。就算是博学的工程师，在估计承载能力时也会给一个区间。这些例子里的不精确程度取决于，我们已知的测量方法或是承载能力的数学模型的局限性。

面对含糊，你会如何决策

一个明智的决策者会如何使用含糊来决策呢？

面对含糊，你会如何决策

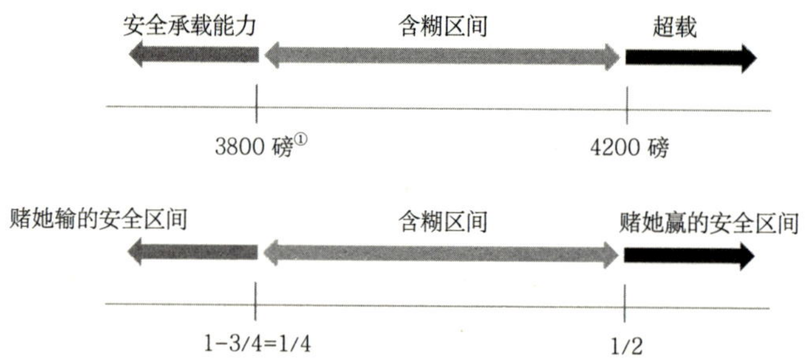

假设我们电梯的规格指出承载能力介于3800~4200磅，那么我们对承载能力的最保守估计便是3800磅。我们在使用电梯时会保证载重少于3800磅而不是多于3800磅，但是如果我们的目标是让电梯超载呢？为了能有信心让电梯超载，我们就会用到超出4200磅的重量。

同样的方法也适用于基于概率的赌博。我们应用最低概率估值来估计赌博事件发生的可能性，用最高估值来估计赌博事件不可能发生的概率。如果我认为萨曼莎·斯托瑟明年会赢得大满贯的概率是在1/2至3/4之间，那么我应该用1/2来赌斯托瑟会赢。如果我想赌她不会赢，那么我应该用1 − 3/4 = 1/4当作我的下赌概率。对于任何在1/2至3/4之间的赔率，我都没有好理由

① 1磅=0.4536千克。——编者注

去接受或者拒绝对斯托瑟的胜负下赌注。

又有哪些决策是含糊对其起不了明显作用的呢？有，即二选一迫选的抉择。二选一迫选需要决策者设立一个用于决定选择哪个选项的阈值。不论承载能力的估值有多么不精确，我们要么选择在电梯里放一定重量，要么什么都不放。我们如果使用3800磅作为最坏情况估值来作为决策阈值，我们的决策行为无异于那些持有精准到3800磅估值的人。

只有当我们有第三种折中选项时（例如，不对斯托瑟的输赢下赌），含糊对我们决策行为的影响才异于有精确估值，这个差异是非常重要的。让我们来看看现实生活中的例子。发表于2000年《法律及人类行为》的一项暴力风险的精算评估工具，使用了989名精神病患者出院后的跟踪数据。

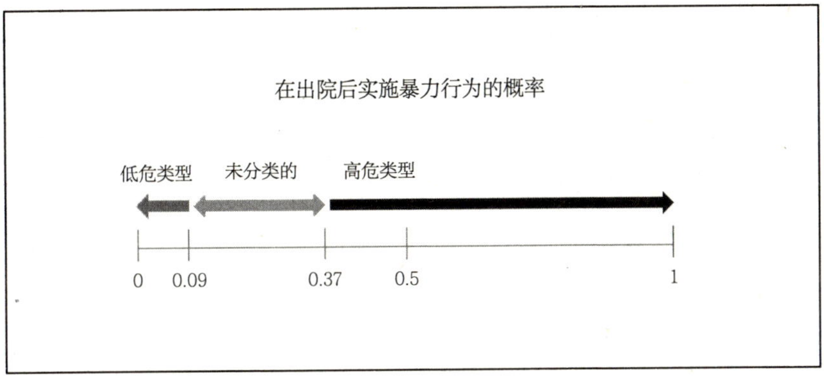

该研究样本中18.7%的出院病人，在出院后20个周内再次实施暴力。临床研究者可基于医院的数据库得到有效的模型，来预测病人出院后实施暴力的概率。他们决定将任何一个预测暴力概率高于基准病发率2倍（高于0.37）的病例分为高危类型。这类病人需要紧密监测并得到持续性的跟踪治疗。任何一个预测暴力概率低于基准病发率一半（小于0.09）的病例分为低危类型。这类病人最多需要偶尔复诊。中间的那群病人则被形容为“未分

类的”，这些病人的预测暴力行为概率在0.09至0.37之间，对这些病人的建议是更加频繁地复诊，但是不需要像高危类型病人那样进行密切监视和干预。

那么，关于高危及低危类型的概率阈值，它们是怎么来的呢？它们几乎是横空出世。尽管如此，它们却是决策者的阈值及偏好的关键。在2006年发表的一篇文章里，我证实了这些阈值和理性主体的偏好相一致，即错误归类暴力病人的后果，远比错误归类非暴力病人的后果来得严重。

这就是模糊的价值所在：它调用了一个折中选项，使我们能区分需要措施的病人，不需要措施的病人，以及中间那些需要我们运用更多预防措施（例如，更多测试及观察）的病人。你们能看出这类折中选项是被广泛应用于医疗诊断的，无论是建议治疗，送病人回家，或者是（折中选项）让病人进行进一步测试和检查。

错误归类暴力病人的后果相较于错误归类非暴力病人的后果的相对权重，加上我们直觉上的概率阈值，决定了什么时候值得有一个折中选项，那就是含糊有益的时候。

二选一的罪案判决

这里有另一个我之前提到过的例子，法庭审判。这个例子描述了当我们的价值观与我们需要做的选择相冲突时会发生什么。我们已经看到，苏格兰的制度及其“证据不足”的替代方案一直是争议的主题，因为人们认为，它让陪审团得以不做出有罪判决。证据不足本质上是温和的无罪释放。在苏格兰，大约1/3的无罪释放均产生于证据不足的判决。

有罪判决的概率阈值=0.9

	定罪	释放	
有罪	Value=1	Value=0.889	1−0.889=0.111
无罪	Value=0	Value=1	1−0=1.000

论点可以向更利于证据不足的方向展开吗？特利·康诺利（Terry Connolly）在1987年的一篇经典文章中指出，和“排除合理怀疑（beyond reasonable doubt）”一词相关的有罪判决的概率阈值在0.9到1之间。对于一个逻辑上保持一致的法官来说，0.9的概率阈值意味着释放和定罪无罪者在主观权重上的差别，是释放和定罪罪犯之间差距的9倍。

康诺利指出，四种可能的结果的相对赋值（罪犯被定罪、无辜者被释放、无辜者被定罪和罪犯被释放）和这个高概率阈值相互兼容。这似乎是反直觉的。具体来说，他观察到“如果某人想要一个0.9的概率阈值，此人必须准备将罪犯被释放看作是非常有必要，至少相对于其他结果来说”。他也指出直觉上更合理的审判结果赋值，会导致概率阈值变得难以接受得低。

所以“排除合理怀疑”所需要的概率阈值，和我们对罪犯被释放及罪犯被定罪的相对权重产生了矛盾。在之前提过的2006年的文章中，我指出采用第三种中间选择，并采用合适区间的概率阈值可以解决这一困惑。这可以让理性的法官保持较高的定罪阈值，同时使错误的释放和定罪有着相同程度的负面性。简而言之，一个类似证据不足的折中选项似乎是再适合不过的了。这个解决方式的代价是需要一个比0.9的定罪阈值更严谨的证明来支持完全释放或定罪，单是证据不足无法达到完全释放或定罪的要求。因为证据不足需要一个介于较低概率至0.9之间的证明标准。正如我在第三章的内容里提到的，我的两个学生和我发现，当提供给人们一个证据不足的选项时，他们确实会这样做。

含糊的价值在于，其能在我们必须二选一时提供一个折中选项。要是没有含糊，一个准确的概率要求我们将两个选项对立起来，我们必须决定一个人得了还是没得一种疾病，或者被告是有罪或者无罪。病人得病的含糊概率让我们能行使一个折中选项，例如，更多的检查和测试。含糊也敦促我们不要轻率地做决定，因此它也帮助我们不做不成熟的选择，这正是它有价值之处。反之亦然，当我们允许一个折中选项，它也暗示了我们预测中的含糊性并提醒我们要谨慎。赌博或是投资需要在谨慎和抓取机会获得高回报之间权衡。如果你们已经玩过股票王的游戏，或许你们已经能猜出，如果你每回合都选择买入或者卖出，长远来讲会是不赔不赚。但是有一种方式可以打破这个定局，因为你可以有第三个选项，即不买也不卖。因此你可以在游戏开始时买入和卖出，直到你的资金超过初始的1000美元，然后在剩余的游戏回合里选择“观察下一轮结果”，你不会赚很多钱，但是你始终会赚得比初始资金多。

我们为什么会犯赌徒谬误

赌徒谬误

1913年8月18日，蒙特卡罗大赌场中轮盘赌上的一颗球连续26次落在了黑区。

在这之间，随着众人对红区的押注越来越大，整个场面变得十分狂热，他们坚信这次球肯定会落在红区。最后他们输了，而赌场获得大丰收，一切皆因赌徒谬误（gambler's fallacy）。赌徒谬误众所皆知，但我们总还是深受其影响。这是为什么？这一强大的诱惑力从何而来？

我们首先要问，赌徒谬误到底是什么？维基百科的定义是这样说的："赌徒谬误是一种错误的信念，认为在随机过程中，如果一个事件在多个独立重复试验中，单方向偏离期望的结果，那这个偏离终将会被反向的偏离抵消持平。"该定义的重点前提是，一系列独立事件，即事件的结果不依赖于之前的事件。其实，它们并不一定要是随机的，只要下一事件无法通过之前的事件来预测便足矣。

因此，用最通俗易懂的话来说，赌徒谬误有以下几点特征：首先，我们观察的是一系列相互独立的事件；其次，我们的大脑认为这些事件并不是相互独立的；再次，我们认为序列中的单方向偏离会被反方向的同等偏离所校正。最后，我们因此根据先前事件而对该序列做出预测。为什么我们的大脑会犯下这种错误？

“代表性启发”

在1974年，特沃斯基和卡尼曼对此给出了一个被广泛引用的说法。他们认为，人们都会利用“代表性启发”（representativeness heuristic），即通过某一事件与所持数据的相似性，来断定其发生的概率。因此人们期望随机事件在短期里的特征和在长期里的特征一样。

这两次硬币投掷序列分别投出了6个正面3个反面，但哪个看上去更随机？

如果有一枚公平硬币，掷出正面的概率就是1/2，对于连续出现9次掷出背面的结果，我们并不会将其视作投掷硬币的长期特征。因此，我们也就会期望在第10次投掷时出现正面。这一点正和蒙特卡罗大赌场里被误导的赌徒们的想法一样。

如上图所示，大家可以在这两次硬币投掷序列中看到代表性启发。相比底下的序列，上面的序列看起来更像是一个随机序列。尽管如此，两个序列中出现的正反面次数相同，因而这两组序列都能被同等视作投掷硬币的随机序列结果。

用代表性启发解释赌徒谬误的说法存在着一个问题，也就是“为什么”的问题。这个问题很可能源于我们期望一个随机事件短期的特征会和长期的特征相同，这种期望从何而来？《数字岛冒险记》（*Adventures in Numberland*）一书的作者，亚历克斯·贝洛斯（Alex Bellos）对此问题做出了解答。他认为这是一个和动机相关的问题，人们总是尝试通过解读其中存在的规律来主导事件的走向。这种说法貌似可信，但赌徒谬误背后的概念似乎强大到不需要这类动机来做解释。

熟手谬误

当我们转头看看其他相关的谬误，如熟手（hot hand）谬误，就会发现更多有关代表性启发的问题。以下是维基百科的定义：“在熟手谬误中，人们认为好运会接连不断。”但熟手谬误和赌徒谬误，两者有着完全相反的预测。在熟手谬误中，人们认为在一个序列里的前后事件，呈正相关性。而赌徒谬误则认为，在前后事件间存在负相关性，人们曾用代表性启发对这两种谬误作过解释。但这也就引出了，为什么以及什么时候人们会认为正相关序列更具代表性，或负相关序列更具代表性。

詹姆斯·桑达利（James Sundali）和瑞秋·克罗逊（Rachel Croson）曾研究过人们对轮盘游戏的赌注和信念模式。

关于玩家和赌局结果的两种想法

		赌徒谬误	
		关于玩家	关于赌局结果
熟手谬误	关于玩家		会在没出现过的数字下注；赢过一次后加大下注次数
	关于赌局结果	对已经出现过的数字下注；赢过一次后减少下注次数	

他们在2006年发表过一篇文章，其中指出赌徒们带有两种想法，一是对玩家的信念，二是对赌局结果的信念。他们发现玩家的下注模式可分为两类，那些不断参照赌徒谬误对结果做出判断的人（即对之前没出现过的数字下注），也更会按照熟手谬误做出决策（即在赢过一次之后加大下注次数）。但那些根据熟手谬误对结果做出判断的人（即对已经出现的数字下注），对自己的运气则有着类似赌徒谬误的看法（在赢过一次之后便减少下注次数，因为他们相信运气总会用光）。

桑达利和克罗逊猜测控制点也许能解释这种个体差异。那些有着外控制点的赌徒们更相信运气，因而更相信“好运滚滚来”，并且好运终将用尽。而那些有着内控制点的赌徒们则认为自己能解读出赌局背后的规律。例如，轮盘赌运作的规律（源于赌徒谬误），他们对于手气则持有熟手谬误的看法。

在2004年艾顿（Ayton）和费舍尔（Fischer）基于从经验中学习的理论提出了另一种解释。他们发现通过向人们展示和他们信念所吻合的序列事件，可以引发赌徒谬误和熟手谬误。威尔克（Wilke）和巴雷特（Barrett）

于2009年发表的文章，则基于之前的经验论对熟手谬误有进一步的解释。他们指出，熟手谬误并不是在赌场诞生，而是在资源簇生的环境下进化的。觅食环境中的食物资源通常是如此，他们认为熟手谬误这一直觉，进化自那些更能将自己的基因传递给下一代的觅食者。

我在1997年发表过一篇文章，名为《混沌中的判断》。

反持续性和持续性的混沌序列

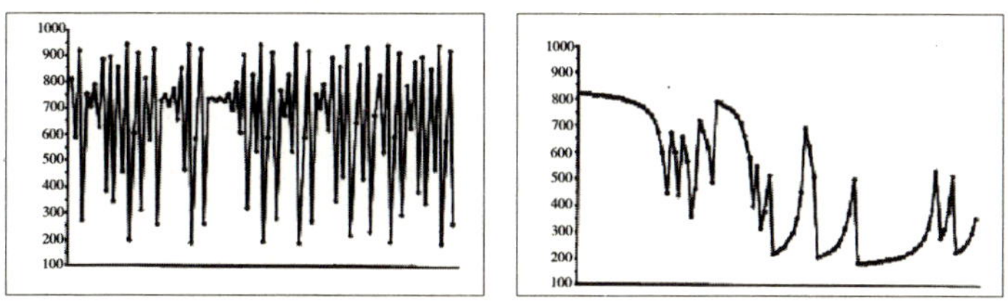

反持续性　　持续性

我早于威尔克和巴雷特10年，提出了从经验中学习和基于进化论的解释，并将它们应用到了赌徒谬误和熟手谬误当中。我提出的证据展示了人们善于对短期的混沌过程做出预测。为了证明这一点，我编写了一个混沌序列生成的算法，其中有一个参数决定了生成的序列是带有反持续性（就像在赌徒谬误中人们所期望的那样不断变动），还是带有持续性（就如熟手谬误中那样变动得不那么频繁）。大家可以从上图中看到相关例子，左边的图表是反持续序列的例子，而右边的图表是持续序列的例子。

我研究中的参与者被随机分配到了追踪两个不同过程的小组中。在观察了100次的序列循环过后，我要求他们对接下来的50次循环做出结果预测。同时我也要求他们预测和混沌序列有着相同数值的随机序列的结果。很显然，没人能很好地预测出随机序列。我猜测，人们在看到如投掷硬币的随机序列时，会将随机序列当作反持续序列看待，因此陷入赌徒谬误。但大家都能非常好地预测出混沌序列，大家的预测与实际序列的平均相关性为0.68，有些人的预测正确的相关性甚至达到了0.9。不仅如此，他们对预测反持续和持续序列都十分在行。

所以，早在发表论文之前，艾顿和费舍尔的“从经验中学习”的观点就已经得到了强有力的证明。而威尔克和巴雷特的进化解释也得到了间接证据。的确，我们没在赌场中进化，我们进化于充满反持续（像是猎物数量）和持续过程（如天气）的环境。我们非常善于辨别两者，我们期望世上的所有这些过程都以一种“带有记忆”的方式运作。而我们给出的理由是，它们就是如此。赌徒谬误和熟手谬误对于我们也有益处可言，即便是在赌场外也是如此。

对话：探索无知

迈克：音乐并非是唯一一个未知扮演重要角色的艺术领域。仔细一想就会发现几乎所有领域里的艺术家们都在与未知周旋。从戏剧到数码艺术都毫不新鲜。在艺术领域，利用偶然元素即兴创作以及让外界的因素主导的传统早已耳熟能详。

萨沙·格里森（Sasha Grishin）是一位艺术历史学家。他研究的领域包含了19世纪、20世纪以及当代艺术，特别是澳大利亚和欧洲艺术，还有中世纪艺术，特别是拜占庭和俄罗斯艺术。格里森教授被选为2004年澳大利亚人文学院研究员，并因他在视觉艺术以及当代澳大利亚艺术领域中作为一名教育家、评论家、作家和艺术历史学家的贡献而于2005年被授予澳大利亚勋章。他友好地接受了我针对未知在视觉艺术所起作用的对话邀请。

萨沙，几年前你为加布里尔和我的书写了一章内容，讲述的是艺术家如何在他们的作品中利用和发展不确定性。我想可能很多人都认为艺术依然是一门需要控制和精通的学问，这就是对于一个近乎全能的艺术家的印象。艺术家对自己的材料或技法有绝对的控制，那这种看法与作品具备不确定性或包含意外等元素是如何协调的呢?

萨沙：我想大概有两种不同的思路来思考这个问题。一种是认为艺术家只要接触材料就会变成完全的控制狂。有些人真的是这样，换句话说，所有的事情都很顺利，就像一场战役。首先是一份简单的草图，然后把它扩展成更大规模的设计，再转移到画布上，之后一点点地上色。整个作品都按照合理、确定的方式完成。另一种全然不同的艺术创作哲学则听任于偶然与不确定性。

我最近在想，这两者间存在一种根本上的区别，一个是人本主义的视角，另一个是反人本主义的视角。我来仔细解释下我的意思，人本主义视角的观点认为人类是衡量所有事物的标准。人是最重要的，其他所有东西都是其附属。而反人本主义就如字面所说，是与其完全相反的。人是一个复合的元素，所有其他自然的部分都同等重要。因此，一只狗、一只苍蝇以及时间的一瞬都是宇宙的一部分，都在其中有自己真正的权威和自主权。第一次世界大战期间在欧洲诞生了一场运动，这场运动通常被称为“达达主义（Dada）”。

达达主义的艺术家从本质上把偶然作为创作准则的中心，其中最著名的例子就是这名艺术家，他使用过很多不同的名字，我们暂且叫他汉斯·阿普（Hans Arp）。

某天他画了一幅画，但他对其并不满意，于是他就把画撕碎，扔到了身后并离开了房间。第二天早晨他回来看到纸屑散落在地上，他想，凭我的意识绝对做不到这样，但在偶然性作用下这种特别的排列和图案，比我靠理性控制思维所能得到的更有趣、更有创意。

偶然性作用下的排列图案

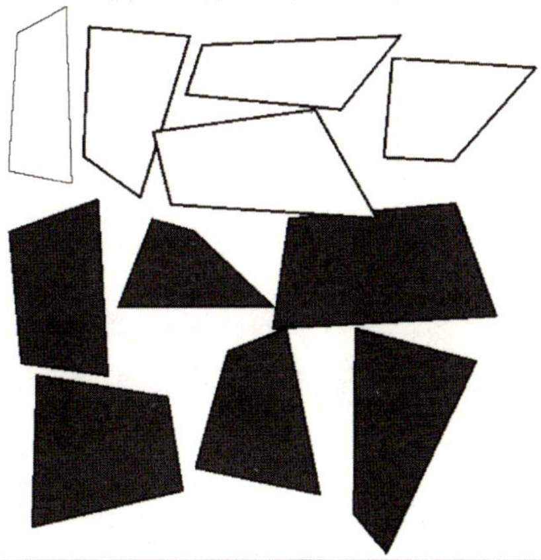

迈克：这种观点仅在当时出现还是在很早以前就已经出现了？我是说第一次世界大战之前的艺术家有没有出现过这类做法？

萨沙：我想应该有，不过在第一次世界大战之前的艺术史里，这常被认作灵感。那么这个灵感的萌芽又从哪里来？艺术史上最伟大的控制狂之一是莱昂纳多·达·芬奇（Leonardo da Vinci），他会花几个小时观察水流运动，观察地质结构，精确地研究人类解剖结构。他认为所有这些元素都以某种方式让艺术家成为上帝一样的人，能进行创造的人。

换句话说，这种想法认为如果存在某种全能的神，那么想要成为神一样的艺术家必须要拥有和神一样的技能，必须了解地质学、自然科学、数学以及所有其他的东西。

但一个极重要且有意思的问题是，到底如何开始艺术创作？在《绘画论》（*Trattato della pittura*）缺失的一段文字中，达·芬奇写道："某天你坐在椅子上，小口地喝着酒，看着对面的石头，猛然发现一块尿渍。从如此美妙的尿渍纹理中，你看到的风景和画面，是凭你的有意识的想象绝对无法看到的。于是你觉得，你一直在寻找自然界中的偶然，那是引领这些创作的灵感火花。”因此可以说这种向外寻找可定义、可控且有限事物的办法，可以回溯到很久以前。

迈克：那达达主义之后还有没有出现关于利用不确定性的重要运动呢？或者说达达主义有没有留下余波？

萨沙：达达主义从未消亡，并在20世纪初得到正名，随后或者叫作新达达主义等名字，它都在持续。一旦偶然性原则被艺术家使用，它就会往许多方面发展。环境艺术中很常见，他们有意识地在作品中融入并非来自作者的元素。不过这又和我们之前谈到的有些许不同，艺术家和超现实主义者们相信，不确定性以某种方式解放了潜意识。艺术家们随环境变化而创作，像英国的理查德·朗（Richard Long）或澳大利亚的约翰·沃斯利（John Wolseley），他们更倾向于认为，艺术家大概更应该像是媒介，让自然中的其他元素通过艺术家表达出来。尤其是约翰·沃斯利，他会用纸在被火烧成炭的灌木丛树枝上拖拽，他发现的最有意思的事是，每棵烧焦的树所表达的都不一样。并不熟悉灌木的人看了会认为这就是树丛被火烧了，每一处都被烧得焦黑。但实际上，一种特定的班克木（Banksia）树种，在烧焦后留下的痕迹也是特定的，桉树则会留下不同的痕迹，银桦树也会留有不同的痕迹。因此当他把所有这些痕迹摆在一起时，就创造了一个环境，一个生态系统，遗失的生命元素都在那里。此时自然界就以自己的方式创作了一幅自画像，艺术家则几乎成为一种媒介或一名工匠，来将这幅自画像呈现出来。

迈克：所以在极端情况下艺术家实际上并不留下自己的痕迹，而是动物、昆虫或植物的痕迹。

萨沙：没错，还是以沃斯利的情况为例，因为他是个澳大利亚艺术家。从1976年来到这里已有不少年头，尽管来这里之前他已在英国颇有名头。他最喜欢的手法之一是用一张纸，上面可能画了一些东西，然后撕成两半，一半用画册保存起来，另一半则秘密埋藏于干燥沙地的一个空树干中，过几年之后再挖出来把两半纸张拼接起来，看一下那张埋于野外环境的纸变得怎样。昆虫留下的痕迹、渗漏的水渍、各种铁氧化物都残留在上面，于是这张纸上出现了这些奇妙的图案。你说得很对，这和莱昂纳多·达·芬奇的观点全然相反，达·芬奇认为艺术家是上帝一样的创造者，而在这里艺术家是协助者，艺术家的作用是能否让自然界发出自己的声音。

迈克：有没有艺术家将这种方法用到人造环境上？

萨沙：有的，这样的艺术家有罗斯玛丽·加斯科因（Rosemary Gascoigne）这样的人。实际上她不作画，而是把东西拼起来。但我认为她作品的美丽之处在于，她所用的材料都有自然形成的绿锈。她常使用像路牌这样的人造物品，把它切开，再重新拼放到一起。重要的是那些路牌已有着岁月的痕迹，所以她的某些作品可以被认为是环境或风景的映象。作品里都有某种力量，一方面是因为她以某种特定的方式来组合它们，另一方面是因为她是一个发现事物新特点的天才，意识到那些东西能被组合在一起，然后我们都发现了一个不同的视角。

迈克：那你认为这些创作方法将来还会不会有更进一步的发展？或者会不会有艺术家从这里开拓出更多艺术的可能性呢？

萨沙：实话说，我一直认为所有这些都在补充着艺术家的工具箱。它实际上是一个关于创造性地使用这些不同的方法和技术的问题，也是一种对于无须控制所有元素的自信。你不需要当一个发令者，而是允许其他各种元素进入你的作品。但同时还要有像罗斯玛丽·加斯科因那样的天才，能够聆听这些声音并引领它们成为一个作品，让你和我看到它的时候会说，这就是最不可思议最美妙的作品。

小结：无知的利弊

你从前五章里学到的东西，对你的日常生活是否有所帮助呢？最重要也是最有用的事情之一就是，能够认识到无知何时对你，或对其他人，或对两者来说，有何好处或坏处。我没有要求说这一点总是清楚明了的，当然，有利于某个人的无知，或许就会伤害另一个人。到目前为止，你应该掌握了一些观念和思维途径，以便能明智地判定有益的、有害的和中立的无知。我现在要回顾一下我们在前五章所学习的内容，这些内容会在任何你需要的时候，帮助你做出决策。

意识到自己的无知，总的来说是件好事

到目前为止可以明确的是，了解你所不知道的东西，总的来说是一件好事。我们实际知道的比我们以为我们所知道的，要少得多。了解我们所不知道的东西，能帮助我们决定是否排除某个特定未知。

我们也能了解到不同种类的无知，了解到这一点能帮助我们决定如何应

对无知。最重要的区别之一存在于我们可以了解的和我们无法了解的事情之间，至少在理论上是这样。尝试去了解不可知的事情是没有用的，但在这五章里，我们也知道在某些情况下，减少无知也是没有用的。了解我们环境中存在的无知类型，会帮助我们设计出应对它们的有效方法。

现实生活中也一样，知道所有的可能结果，仅是不确定每一种发生的可能性，在这样的情况下做决定是一回事，而在你不知道所有结果的情况下做决定，就是另外一回事了。

在第一章中我们也知道，当人们思考无知时，通常会伴随着消极的隐喻和词汇。人们通常没有意识到，无知也可能是有益的。但你现在知道了是有的，这就为决定哪些是你愿意拥有或摆脱的无知提供了可能。最开始，你可以检查自己想了解或不想了解的动机，以及你可以拥有无知的用途。

无知的动机

无知的动机
· 娱乐 · 学习 · 打开创造性道路 · 自由感和自决权 · 不想了解无关信息 · 回避了解会让我们伤心的事

在第二章中，我们发现有很多事情我们宁愿暂时不知道。这些无知支撑起了我们大量的娱乐、学习动机、创造性道路以及自由感和自决权。我们也了解到有些事是我们从来不想知道的，在一些情况下是因为它们对我们不

重要，但在其他情况下是因为它们对我们太重要，以至于我们不能去面对。我们甚至了解到对一个惊喜了解得越多，就越会降低我们在其中感受到的快乐程度。第三章中，我们也了解到，因为我们自身的认知偏误、偏好以及习惯，我们和同伴被结合在一起，形成一种舒适的、共享的无知状态。在对无知的动机和反应中，有些包含有意识的选择，但大多数选项人们通常都默认不去选择。既然你已经意识到了它们，你就能更好地选择你愿意知道和不愿知道的。

你也可以基于你所学习到的关于无知在社会和文化中扮演的角色，以及你和其他人可能对无知的使用，来做出关于无知的选择。在第二章和第三章中，我们转向社会领域，发现许多对无知的使用。

无知契约的范例

无知契约的范例

1. 机密
2. 隐私
3. 禁忌
4. 礼貌
5. 组织化的专业知识
6. 信任关系
7. 竞技性运动或战争

首要的就是无知契约，通常是以社会规范的形式出现，但有时也会被载入法律。我们知道机密、隐私、禁忌、礼貌以及组织化的专业知识的存在，都是基于人们在社交时强制执行了无知契约。某些特定的关系，比如，基于信任的关系，也要求执行无知契约。我们也了解到，即使在某些存在绝对谎言的情况下，如竞技性运动或战争，也确实存在着高尚的无知。关于无知是利是弊，以及对谁而言的争论，争论的中心都变成了关乎我们时间利用的一些重要决定，即我们是否要用我们的时间，去追求一些特定的科技进步。

第五章中，我们了解了更多无知的潜在好处。我们先学习了几个例子，知道了更多的信息确实会让我们的预测和决定更差劲。我们也学习了追求更高的确定性和预测精确度并不会取得成效。这里的要点是，不要费心去追求与你目标无关的信息。另外，含糊和歧义的存在，是向我们提供一个无可非议的“无选择”选项。因为在那种情况下，选项中的任意一个都是愚蠢的。最后一个要点，在第二周我们对爵士音乐家约翰·麦基以及第五周对艺术历史学家萨沙·格里森的访问中，我们大致了解到了无知在创造性工作中所扮演的基础性角色。因此，在某些情况和目标下，无知可以为我们服务。然而，过早的决定或坚持确定性可能会适得其反。

在各种各样的要点中，我们调查了人们对无知所做的一些权衡。比如，我们知道人们普遍认为，比起由信息一致的模糊信息而引起的无知，由信息相互矛盾而引起的无知要更糟糕一些。所以，一种类型的无知可能比另一种更差，并且有可能用一种去交换另一种。比如，在一个试图达成一个可行性共识的团队里，最好允许共识中存在一些歧义，以避免冲突。

出现在第五章的一个相关的权衡主题认为，一种类型的错误可能相较另一种来说更可取。在一群跨学科研究者写的，发表于2013年《生态与进化趋势》的评论文章的帮助下，我们可以把这一观点推广到更深远的地方。

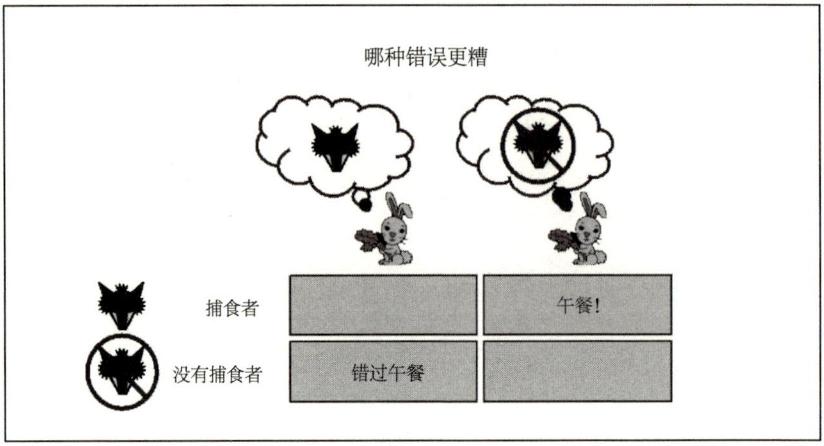

这篇文章回顾了包括人类在内的动物的广泛趋势，这一趋势倾向于一种类型的错误，如误报，而不会倾向于它的对立面，如漏报。举个例子，对于被捕食者来说，更能适应的趋势是高估一个捕食者袭击的可能性，而不是低估它，即使高估暂时性地约束了它觅食。

我们也可以把这种偏见建立在我们的利益中，即使它可能在短期内会让人烦恼。你可以再从工程学到法律再到医学领域内找到大量的例子。比如，烟雾报警器被故意设置成经常发出误报，再如当你烤面包时，也会遇到这种情况。

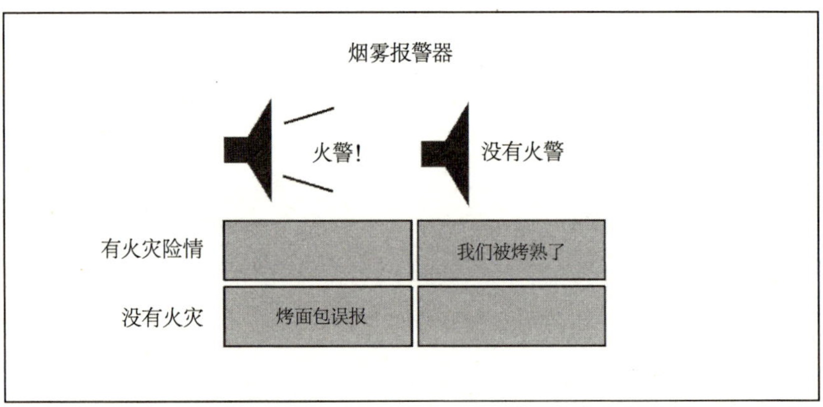

但它也会在真正起火时发出一个确切可靠的离开的信息。我们不喜欢它们发出错误警报，但当我们和家人们熟睡时，如果家里发生火灾，我们就得依靠它们来挽救我们的生命。

无知和复杂问题：对无知的反应

本章讨论的是对无知的反应，在上一章中我们曾经提到过使专业学者和利益相关者并肩协作的重要性。这种协作不仅建立在他们已知的内容上，同时也发生在他们未知的领域中。概括来说，当我们谈到就他们的未知进行合作时，我们希望的是还原或摆脱未知。而这一次我们要讨论迈克提出的对未知的六种应对方式，还原只是其中一种，还存在着其他处理未知的方式。

应对未知的六种方式

当我们试图使专家和利益相关者合作处理复杂问题时，就必须对其他的方式也加以考虑。第一种方式是我们刚才说到过的还原，获得更多的知识或增加对某件事的限制都会降低无知的可能性。第二种处理方式是搁置，干脆对无知眼不见心不烦，不和它们打交道。第三种是接受或容忍无知，具有建设性的决策和行为就是如此，它们会将无知纳入考虑中。第四种是创造或利用无知，或者你也可以说成是放大它们。第五种是放弃控制权或是向无知投降，这种方式背后往往伴随着宿命论或是虚无主义立场。第六种是否认，把它们当作不存在。

正如迈克所讲，每种方式都可能会有用武之地或是不适合当下的情况。那就让我们再多花点时间，看看它们分别和复杂问题之间的联系。我们已经谈到过还原了，它是一门专业领域的核心所在，专业学科所做的就是把它们本身相关的一系列未知辨认出来，并想办法摆脱这些未知。但复杂问题是系统性的难题，其中的未知无穷无尽，无论何时你解决了部分未知，总有另外一些会粉墨登场。而且由于所有的事物都有所关联，还有我们在那个关于孤岛的隐喻中学到的，知道的越多，未知的越多，因此，随着知识岛屿的拓展，无知的海岸线也拓展延伸。

那么，鉴于系统性问题的本身属性，和我们对知识之岛隐喻中无知的理解，我们就会发现，还原法并非无往不利，总会有越来越多的未知出现，更笼统地说，还有其他原因造成的大量未知，简而言之第一项就是我们在不断地创新变化，这些创新和变化就带来了更多的未知；第二项是进行中的研究也在不断产生新的未知；第三项是有些无知不可还原，我们不可能彻底摆脱它们；第四项则是，对于某些无知，我们还没有能够摆脱它们的方法。而且，迈克也说过，无知自有其优点，不能一概而论全部消除，更重要的是，无知是无限的，而研究能力是有限的。这是第一条和最后一条，其实还有另外一个理由，使我们永远无法通过还原法消灭所有未知，并必须求助于其他策略。我们会在后面继续讨论搁置策略。

但在此之前，我们先想想不明确的还原是否是无用的。某种程度上是的，如果资源过于紧张或太过耗时，或者这种还原破坏了社会资本乃至摧毁信任，那它就不是个好选择。比如，当你试图发掘一个人的全部的时候，的确会摧毁信任。

还有一点是我们应当记住的，对无知的还原会造成其他问题。试图理解更多的事物往往也会带来不相干的信息，但我们不知道什么是相关的，什么不是，而不相干的信息会让我们分散注意力，让我们的预测偏离得更远，同时又使我们过度自信。还有，这会带来知识分隔，我们使用相同的数据，却得到了相反的结论。这都是迈克提起过的。因此，还原未知是一项有用的策略，但还远远不够。

第二项是搁置，我们也说过它是专业领域得以运作的核心。专业研究就是集中于某一类特定的无知，然后把其他的弃置在侧。而在处理复杂问题时，要选择忽视哪些内容，我们得万分小心，因为我们忽视的问题很可能是相当重要的，专业手段并不能解决和复杂性相关的所有问题，而那些无法解决的问题会凸显出来，我们必须加以思考。

第三项策略是接纳未知，接受无知永远存在，并接受存在着未知的无知，即那些我们不知道也无法预知的事情。接纳使惊喜的意义得以被承认，与之相伴的还有保持灵活的重要性。只有这样，当意外之事来临时，你才能做出回应。在理解不完美和权衡的必要性上，接纳也有着重要的意义。如果我们希望能够善于做出权衡，搞清楚某件事是否优于另一件，在即使没有最优解的情况下也能找到更佳选项，那我们就必须善于接纳未知。

第四项策略是创造或放大未知，在这一点上，我们倾向于增加甚至是创造出未知。毫无疑问，产生未知是创造力的重要部分，但对于需要解决复杂问题的人，他们也需要理解创造未知是一种策略，而且是对解决复杂问题非常重要的一种策略。例如，它可以用于恐怖主义中，或是决策制定方面。我们先说恐怖主义，恐怖分子所做的就是制造不确定性，因此他们针对无辜的平民，这样每个人都会感到恐惧。他们把目标指向公共场合，使人们在任何地方都没有安全感，这就是一种制造无知的策略。而且恐怖主义的影响往往更加严重，因为其制造出的不确定性远超过了实际伤害。而解决复杂问题的人也需要明白，有时他们创造未知的方式反而会妨碍到手中的问题，意识到这一点至关重要。

考虑到制造怀疑的策略，创造未知对政策制定也就非常重要了。那么，假如要制定一项你不喜欢的政策，你就可以说，对这件事我们还知之甚少，仍需更多研究，这就是一项拖延策略。无论政策好坏，这项拖延策略都可以用上。让我给你各举一个例子，有时社会上会对某种不明智的决定头脑发热，比如，人们有时会对过重量刑这种事而反应剧烈。作为决策制定者，你不想对相关的任何政策有轻率举动，然而民意却很高涨，这时你就可以说："嗯，不要急，我们还要等等，实施政策之前还要再研究一下。"这样你就可以拖延一项不明智的政策了。但当某项政策威胁到部分人的利益时，他们也会利用这种手段来制造怀疑。烟草公司就是个例子，当我们试图劝说人们少吸烟时，他们就站出来说，肺癌和吸烟之间并无关联。他们会围绕那些本来很坚实的证据提出质疑，这样的伎俩在应对气候变化时也出现了，涉及利益的国家会说，其实我们对气候变化的了解根本不足以做出应对。所以，如果你要处理复杂问题，了解这种花招还是很必要的。它并不会实际上解决未知，但它确实是人们会使用的技巧，我们应当有所了解。

还要考虑的策略是放弃或对无知投降，同样，这也是创造力的一种重要来源，不要试图把每件事都掌握在控制之内，试试看顺其自然，可能会产生出有趣的想法。理解人们对不同种类的未知，有着不同的应对方式，也对处理复杂问题至关重要。有些人会自在地对无知投降，觉得听天由命也没什么不好，而有些人则会对这种方式感觉很糟。如何在合作中处理这些差异也是个重要的工作。

最后，我们来看看否认。这种观点拒绝承认无知的存在，相信总有一本圣典或是某个人是全知全能的。我们所要做的不过是遵从这本书或是这个人，大多数情况下这种策略都不适用，但我会简短地谈一下否认适用的情况。这也是在合作中需要处理的差异之一，如果一部分人否认未知的存在，但其他人认为无知就在那里，这种分歧就需要处理了。尽管否认听上去不像是可用的策略，但它其实是可以适用的。某些处于极端威胁下的情况中，你要是了解了所有不清楚的状况，可能会陷入恐慌绝望中，甚至会使进程瘫痪。这时假装你对所需了解之事都已经有所了解，并且推进行动，可能反而会更好，至少你可以从当下的威胁中解脱出来，然后再盘点眼下的情况。

我们再重申一次，每种策略都可能是积极的，也可能会造成负面影响。我不会对每种策略的优缺点都详细解释，面对未知，并没有什么完美的方式，我们所看到的六种策略都可能用得上，也可能不适用。人们对处理未知的策略的理解也各不相同，也各自有他们所偏好的策略，这都是合作时要考虑在内的。

IGNORANCE

06

不同领域是如何处理未知的

在1980年一次关于预测世界和平的采访中，社会学家伊莉斯·博尔丁（Elise Boulding）被问到应该如何看待安全，她回答说，从最广义上来说，某种程度的安全是人类社会组成的一部分，但能够在不确定中活动和生存才是临床定义上的心智健全。

在本书中，我们尝试提供一个思考无知的概念和方法，让我们能够在无知状态下获得一种理智的生存和活动方式。在这一章，我们将会研究这样做的各种方法。这些方法来源于某些专业，如医学和环境科学，其他方法则根深蒂固于我们的大脑中，剩下的依然是社会和文化中的惯例和习俗，它们全都围绕着人类境况中的一个中心问题：我们如何才能最好地应对我们必须做决定但又所知甚少的状况？从会计到动物学等每个领域，都在与未知打交道。可它们都是怎么做的呢？有什么普世的方法或通用的主题吗？还是说每个领域都有其独特的处理未知的手段？

现在就让我们来看看专家们如何在各自领域中处理未知，而这也正是接下来本章的主要内容：我们邀请了一名政治家、一名物理学出身的企业家、一名环境科学家、两名流行病学家以及一位杰出的情报分析师。他们会讨论各自需要面对的未知，还有他们和同事是如何处理这些未知的。我们很少能有机会深入地了解这些受过高等训练的专家们都在做什么，他们又是如何在专业性的工作中与无知打交道的。

在采访这些专家的过程中，我们受益匪浅。我相信这不仅是妙趣横生的旅程，更会让你收益颇丰。

如何在政治领域处理未知

迈克·莫里（Michael Moore）曾是澳大利亚的政治家和卫生科学学者，现任澳大利亚公共卫生协会的CEO。我们非常有幸可以问问他政治家们是如何看待并处理未知的。

采访者：谢谢你能来加入我们。关于政治，有件事很有趣，那就是无知实际上有不少好处，而其中之一就是拖延。你能就这点谈谈吗？

迈克·莫里：我常在政治中谈论拖延，人们也会笑话我："你们只不过是在试图拖延。"没错，我们可能的确是在拖延。因为如果你在政治领域很高明，那拖延就该是你蓄意使用的工具之一。在政策问题上，常有三个选项。如果你想要实施它，那就同意；如果你想反对它，那就说不；而如果你想要反对它但力量不足，那就拖延它。拖延能更有力地给你提供机会，养精蓄锐来积累证据。我认为，在政治上拖延是最常用的手段。就算人们对此不以为然，你也应把它视为一个有效的工具。

采访者：拖延还能造成不小的心理影响，对吗？大量证据显示，一件事情被拖延得越久，人们认为它实现的可能就越小。

迈克·莫里：而且因为它实现的可能性变小了，那它就不会太重要了。既然它能被一直拖延那么久，那它一下子就显得不那么重要了。这是拖延作为一种政治手段的又一生动体现。

采访者：如果说得更清楚一点，拖延和无知之间的联系就是常听到的那些：我们还有不知道的东西，我们对公众的想法还不清楚，我们还需要做更多的研究，等等。这些都常作为拖延的借口。

迈克·莫里：几乎总是这样，不然你为何会拖延呢？“还有不知道的事，研究还不够充分……”我们几乎总是去质疑，说研究不够充分，其实我从来都没做出过基于充分研究的政治决策。你总是可以做更多的研究，而最后总是会有人说：“我们应该了解更多信息。”所以不确定也是一个基本组成部分。这就是我们已经知道的信息，我们必须基于此做出决策，然后推进下去。不过无知的部分确实能有效地帮助那些想要拖延的人。

采访者：你还写过，无知在政治领域也会带来挑战。能谈谈这个吗？

迈克·莫里：我认为，从整体上看，对所有的政治家来说，最大的挑战之一就是从如下两种方式中选择一种来处理无知和不确定。一种方式就是理解并且利用它来实现你的目标。或者反过来，确保你真的知道如何处理不确定。通过一系列的斟酌思量，人们自然能知道该如何去选择。但有时政治家要面对的最大的问题，就是他们没有足够的时间进行深入细致的反思。

采访者：有没有什么情况是就算坦承自己犯了错，也不会让认错成为政治弱点？

迈克·莫里：总的来看，在政治领域中承认错误不是一个好策略，大家普遍认为它不是一个好策略。不过有趣的是，我在从政的早些年犯过一个重大的错误，我事实上撒了个谎。它不能算是谎话，因为我只是制造了某些像是谎言的印象，而实际并非如此。所以我实际上没有撒谎，但也离假话不远。我记得自己站在一个很大的门槛前，说我的确犯错了，我不应该制造那种假象，在我的从政生涯中绝不会再发生那样的事情了。当时在场的几个记者一年后告诉我，那是他们第一次听到那样的话。他们觉得这个人与众不同，我接着还重新获选了好几次。但我觉得那是个不可重复的事件。你的确从中脱身，但其实诚实只在少数情况下是一个好策略。承认“我做错了，为了补救我都做了这些事”，这是我们需要去做的。虽然只能偶尔用用，但的确可以被视作一种力量。然而一旦重复上两三次，它很快就会变成一个弱点。

采访者：另一个利用无知来帮助自己的方式，就是含糊其词。你曾在其他地方谈到过，不要把结果说得太精确，因为那样做会给你造成很多麻烦，而含糊其词则是有帮助的。你能就这一点再多谈谈吗？

迈克·莫里：我想任何看过《是的，大臣》这部英剧的人都能很好地理解这个概念。当你把结果说得非常精确时，人们就真的会仔细衡量它。在你自己的头脑里有精确的结果很重要，这样你就知道你能实现什么。但在政治中，人们不关心你已经实现了什么。在下次选举时，他们只盯着那些你曾承诺过但却没有实现的。举个例子，我做大臣时和部门一起推出了一个叫《制订议程》的文件。它有12个具体的目标，我预期将在任期结束时完成。在发表一周之后，我参加了一个卫生大臣的内阁会议。我把这份文件提交上去，他们都说：“你一定是疯了。只要这12件事里有一件没完成，他们在下次选举时就只会盯着那件事。”而且事实上他们也说对了，我的确完成了11件，有一个目标没完成。结果下次选举我也的确没有参加。不过我很清楚，即便我没有参加选举，他们的关注点还是我们曾经承诺过会有却没能实现的社区电子医疗卫生记录。还有另外一些我们未能实现的目标。如果我当时把那些目标描述得宽泛一点，我在政治上就不会那么容易被攻击。

采访者：你提到了《是的，大臣》，你愿意解释一下那是什么吗？因为不是所有人都知道那是什么。

迈克·莫里：那是个英国电视剧，叫作《是的，大臣》，讲的是大臣和公务员就某些话题进行争论，有一句很有名的台词是这样的，大臣说："我将要实现这样那样的具体目标。"然后公务员说："大臣，那真是勇气可嘉。"作为一个大臣，听到"勇气可嘉"这个词时，你会想，我可不想显得勇气可嘉。我想要把事情搞定，而不是显得大胆冒失。勇气可嘉意味着容易被对手攻击。那是个很有趣的电视节目，能暴露政治的本质。我认为很值得看一集《是的，大臣》。我最喜欢的那集是大臣开办了一家医院。他为那家医院感到自豪，因为那家医院没有任何问题。它是英国最好的医院，因为里面没有病人。在某种意义上说，如果你没有任何病人，那你就不会有任何问题。这可以例证政治——只要你不做任何事情，那你就没有任何问题，就没人能批评你。

采访者：另一句出自那部剧中的我最喜欢的台词是，公务员建议大臣在某个特定的情况下向公众说实话。大臣震惊了，说："什么实话？所有的实话吗？"公务员说："不，不，不是所有的实话。"

迈克·莫里：不是所有的实话，就是这样。我认为这里有很重要的一点，你知道，归根结底，大臣和政治家们的信用在原则上其实来自于他们如何回报投他票的选民们，而非拘泥于细节。实际上，当他们卷入争论时就已经破坏了原则，倒不如着手建造新医院，但发现不能很快实现。人们可以理解这一点。

采访者：你还讲过在原则和理想与实用主义和政治上的艰难决策之间的权衡，能谈谈这个吗？

迈克·莫里：当你掌权时，在政治上一定会发生的就是：你会有很多钱，让你很容易承诺所有事情。但兑现又成了另一件事，一种政治上甚至原则上的事。以我为例，我曾与一个自由党政府合作。作为一个独立的大臣，我公布了一套明确的准则。但它们与内阁中其他成员有冲突时就会很难办，我处理的方式就是在某些问题上避开内阁，这种情况时有发生。另外在一些问题上我们已做出了承诺，却没有钱去实现，这时就需要妥协。还有，我特别想要办到某件事，但事实上只能实现70%。有时这会让你的选民感到相当不安，因为你妥协得太多。那应该选择实现70%，还是什么都实现不了？

采访者：作为政治家必须要做的一件事就是，在没有全面信息的情况下做出决策。面对不确定性时，你是如何处理它的？

迈克·莫里：那很难。最后你只能说，这是我在不得不做出决策的那一刻，基于已有的信息做出的最佳选择。否则就会变成不是你有意地去拖延，而是你显得优柔寡断。优柔寡断是一种政治负担，是公众所不能接受的。在做决策之前，你会犹豫不决，想要更多信息。一般大臣都有一整个部门的员工来帮他们获取信息，我自己也有不少非官方顾问。我常常需要向他们咨询说："我只有这些信息，但我真的需要做出决策。"其中有一个人是我的近邻，政治学教授菲利普·佩蒂特（Philip Pettit），就是这样一位智者。他常问我："你现在行动的原则是什么？我们回顾一下最重要的原则，依据这些原则你还不能做出决策吗？"菲利普能让我进入这种思维模式，这可以非常好地帮助我思考。

采访者：不过，当你进行咨询并获得信息时，很可能会从可靠的来源处获得矛盾的信息。

迈克·莫里：这很常见，你几乎总是会获得互相矛盾的信息。

采访者：美国总统哈里·杜鲁门（Harry Truman）有个著名的典故，他想要一名立场鲜明的经济学家。那么在你从专家那获得矛盾信息或者矛盾的预测时，你是如何处理的？

迈克·莫里：我想我能做的和一个学者能做的事情类似：确保听取所有信息，并尽力全面理解之后再做出决策。我从政的极早期，在非法药物问题上的确出现了矛盾的信息。这令我决定回到澳大利亚国立大学去学习。我觉得自己没法很好处理支持全面禁止的论证和支持减少伤害的论证，我不确定我该相信什么。最后，在我去大学之前，我决定支持减少伤害。但是这让我意识到，我其实想要再磨炼一下自己的分析技能。在我去过大学之后，我会把两种信息放在一起，然后问："这项研究中的被试量有多大？有多少其他研究重现了同样的结果？有多少是刻意挑选出来的证据？"在你做出决策之前，这会使你拥有更稳固的学术性视角，而不是仅凭直觉。凭直觉做出的决策会让你在挑刺者面前十分脆弱。

采访者：非常感谢，非常精彩的阐述。

迈克·莫里：谢谢。

如何将未知用于创新及创业

莎拉·皮尔森（Sarah Pearson）博士是澳大利亚国立大学企业的首席执行官，同时也是澳大利亚国立大学商务与经济学院的访问学者。她一直热衷于创新，我们有幸能够采访到她，聊聊她的工作以及创新者们是如何处理未知的。

采访者：我们非常想要跟你探讨的一件事是，企业家们是如何处理未知的。说真的，作为一名企业家，未知是你的常用手段，那么你能讲一下它们使用的适应机制是什么吗？

莎拉·皮尔森：首先在我看来，当我们讨论未知时，也就是在讨论风险。那么他们是如何承担风险的？企业家是天生的风险承担者。他们必须这样，否则他们根本不可能开始创业，因为大多数企业会以失败告终。我认识一个非常非常成功的人，在他最终成功之前，他已经尝试了十次或者九次创业。因此企业家们对未知相当熟悉，我认为部分原因就在于对他们不了解的东西的接纳就意味着可能失败。所以我想说的第一件事就是，实际上企业家们接受了这一点。他们接受他们生活在未知之中，这就是他们必将踏入的领域。他们就像是走向新领域的探索者，因为存在着太多的未知，所以他们已经做好了失败的准备。

但同时也有应对无知状况时可使用的策略。显然，如果你不了解某件事物，首先你会做的就是试着从这一未知中发现一些东西。这样你可能就会获得一些新技术。不论是产品还是服务，当你不知道市场是否能够接受它时，你可能会做的一件事就是和市场对话。一名企业家要做的事情是使用被称为快速成型（rapid prototyping）的一种工具。这是一种他们使用或生产最少量的可行产品的工具，通过它人们就可以接触到什么，诸如此类。这种方式会帮助人们理解这个产品是什么，然后他们会通过测试市场进行测试。

如果这些人所属的是大型企业，他们实际上就会有测试市场。比如，他们可能会把日本当作一项新产品的测试市场。这是应对未知的另一种方式：先做个小测试。他们也会通过门径管理（stage gate）程序进行产品开发，因此你不知道最终的结果会是怎样。但如果你有阶段性的目标，你会知道到某阶段你需要做到什么样。如果你没做到，那你就可以放弃了。

这就是得到一个有关未知的已知的阶段性路径。他们会采用一种被称为快速试错（fast failure）的方式，避免你直到数年后才看到手里那件事其实应该被放弃，或者我们应该尝试别的方式。我们会及时喊停，“不，这不管用”。这样我们就会停下来，换别的做。

另一件企业家们会做的事是市场调查。甚至在开始设计一项产品之前就彻底地了解市场。开始我就说过，如果你有了一项产品创意，你可以把它带入市场，做一些原型并且对它进行测试。但其实你还可以直接去看看市场。找出市场空缺是什么，然后再设计某一产品或服务来弥补这一空缺。这就是已知，只是用了一种通过未知达到已知的方式，如果它可行的话。

采访者：那么对于创新者们来说，存在和凶险的未知相对立的好的或有益的未知吗？我的意思是，这让我觉得创新者和科研人员有点类似。

莎拉·皮尔森：没错，正如你所想。

采访者：要做研究必须要发现未知，否则就没什么好做的了。

莎拉·皮尔森：是的，就是这样。

采访者：创新也是通过相同的方式吗？

莎拉·皮尔森：是的，没错。创新的想法可以是你发现市场需求的未知，比如说，人们表示想要去太空待上6个月。我们从太空返航已经好几年了，但如果说要在太空待6个月，并没有人知道该怎么做。这就是你该如何处理的未知。事实上，这似乎是不可能的，这甚至已经超出了未知，好像根本没有解决方案。那么对于一名企业家或是创新者来说，如果你能找到解决方案就太棒了。如果很难找到解决方案，那就意味着你的竞争对手也不大可能想到办法。这就给了你一个利基市场，所以显然在企业家精神和创新中存在好的未知。

采访者：现在你是吉百利（Cadbury）公司首届开放创新大赛的冠军。

莎拉·皮尔森：是的。

采访者：你能给我们讲讲什么是开放式创新以及它是如何与一般的创新区分的吗？

莎拉·皮尔森：人们习惯描述创新为封闭式创新和开放式创新。公司的封闭式创新就是：他们雇用了10个人来进行调研和开发，处理相关问题。公司拥有他们，他们由公司发薪水，所有的灵感都出自公司雇佣的这些人。他们很可能是非常了解行业的一群人，通常也是在行业内工作了很长时间的人。好处在于，他们拥有深入的知识，在某些情况下会表现得非常好。

但开放式创新则不会给那些为新产品和新服务提供创意的人设界限，事实上你可以把它想成一个可以让灵感和人来回进出的半透明状的薄膜。换句话说，你在向外寻求新的主意。这有利于你找到在你传统的思想基础之外的人，它也同样会帮你找到那些更快解决问题的方式。让我们举个例子，一个经典例子，我经常说如果你想把水加到巧克力里，你就得明白水在油中会乳化。现在，如果你雇佣的团队不理解乳化，你会怎么办？你可以走出公司，去跟涂料行业的人聊聊。他们非常了解水油乳化，他们解决过很多这类问题。所以你可以把他们优化后的方案直接转化到你需要解决的问题中，这样你就能更快进入市场了。这是开放式创新的基础——你试图更快地得到一个更好的解决方案，这样你就能更快地进入市场。

采访者：好的，那么它有什么风险或是缺点吗？我是说许多公司都想要成为特殊产品的专利所有者。

莎拉·皮尔森：是的，是这样的。

采访者：那么这样的泄露会给他们制造麻烦吗？

莎拉·皮尔森：我认为问题存在于宏观和微观两个层面，抱歉，也许不该说是问题，而是挑战。它们是对公司的挑战，也是对个人的挑战。想象一下你是个对食物知之甚详并引以为傲的人，你可以在食品研发领域应对挑战。对你来说，走出这一领域，向领域外的人求助，这对你这种身份的人来说确实是一个挑战。于是又回到了已知和未知上，这对你来说是未知。那么你在公司的位置又会怎样呢？这对个人而言绝对是个风险，也是挑战。

对公司而言，这个挑战则是，你不愿意提供机密信息。你建议公司成为专利所有者，但这似乎成了公司采取开放式途径的最大障碍。因为他们认为如果要开放，就意味着他们会公开所有事并告诉所有人。原本每个人对公司在做着什么都存在着未知，突然间，他们认为每个人都了解公司在做什么了。事实并非如此，你要做的只是决定把你已知的那一部分让外界有所了解，这样做是安全的。所以如果你知道一些关于公司战略上的重要事项，并且保密至关重要，比如，可口可乐的配方，那你就不要对外公开，也不要对外寻求建议。你向外寻求解决方案的问题应该是那些没有太大风险的。

那么从大公司的角度来看，当我们谈到开放式创新以及他们开放后可能遇到的挑战时，我之前就提到过把你知道的东西告诉所有人的挑战。换句话说，人们可能会洞悉你的策略和你将要引入市场的内容。而且不止于此，在专利和IP方面也存在挑战。

采访者：IP是指知识产权吗？

莎拉·皮尔森：对，抱歉，是知识产权。你可能已经做了一些研发，但还没有为它申请专利，还没有保护它。那么如果你到外部寻求建议的话，可能会影响你的知识产权。你要对这方面非常小心，对于大公司来说这是个大问题。因为像大型企业、跨国公司等，他们很难掌控全局。他们的未知在于整个公司究竟掌握了什么。他们并不清楚整个公司了解了什么，在向外部寻求建议解决其他人也可能有的未知之前，他们得先处理这个未知。因此，一家大公司的处理方式通常是这样的：他们会说，在你的想法获得法律保护之前什么都别跟我说。因为如果它得到了专利保护，就意味着它必定是独特的并且公司里没有。这样的话他们就不用费心了解公司里到底有什么，专利律师已经为他们解决了这个问题。不过对于大公司来说的确存在这样的挑战。

采访者：好的，这一做法也被应用于政府或是公共部门组织吗？

莎拉·皮尔森：是的，毫无疑问就是如此。事实上，我最近关注的问题之一就是政府部门的定位和它服务于民的方式的转化。人们现在会说，也许私人部门在提供更多的政府服务上比政府本身做得还好。那么也许人们可以走出去，为政府服务所遇到的挑战寻求解决办法，比如询问公众。你知道的，我之前讲到和顾客对话，确实有一个叫作IDEO的公司精于此道。事实上他们不只和顾客对话，他们还会观察顾客是如何使用产品和服务，借此了解如何进行改进的。所以某些政府部门，如医疗保险，他们确实会把客户带来填表格。他们观察顾客填写表格的过程，然后意识到表格需要改进，就会把表格改进得更加适合服务对象，这是一个例子。

另一种方式是被用于公共政策中。我不清楚你是否听说过众包（crowdsourcing），它也被用于公共政策中，就是说有人会用维基百科的方式来制定政策。举例来说，1952年，新西兰的治安政策的制定就使用了这种众包的方式。他们召集了民众，民间社会为他们提供了反馈。没错，这是个好主意，但不是足够好的主意。

采访者：在1952年是没办法用维基的，他们那时是怎么做的？

莎拉·皮尔森：我不知道他们是怎么做的。

采访者：好吧。

莎拉·皮尔森：墨尔本（Melbourne）也是用类似维基和博客的方式制定了城市规划。这又是一种公众意见，最近开始被使用。

采访者：那么对于比如气候变化或者是有组织犯罪的复杂问题呢？可以从企业应对未知的方式中学到什么经验吗？

莎拉·皮尔森：是的。我觉得有这样几件事，其中一件，也就是我喜欢开放方式之处，在于你不再被限制住，并且你对此有充分认识，你将不再被限制在某一教条中。当你开放的时候你可以选择任何喜欢的规则。我是说，当我是吉百利开放式创新的领导时，我安排团队到糖果产业之外寻求解决方案。因为我认为你击败竞争者的关键就在于，你想到了你的对手绝对想不到的方案。

回到复杂问题上，我认为保持开放真的可以帮助你收集各个领域的多种意见，那些传统思维无法想到的意见，所以不仅仅是研究人员。你可以跳到圈子外进行思考，发现在某些产业领域内存在着类似的挑战，这样你就可以把这些人集合起来。说真的，这件事在于找到那些在完全不同环境下解决了类似问题的人，然后把他们和他们的解决方案吸收起来，看看能否为你所用。

我想也许可以用快速成型开发。别指望你能拿出一份完整的解决方案，因为复杂性是非常难解决的，得到最终的完整方案可能要花费你数年时间。但是通过快速成型开发，小型可行产品方案就能更早得出，这样在你得到最终方案之前，你有机会先小试牛刀。

采访者：那么是什么让人们能够承担风险呢？是性格的原因，还是也有其他的影响因素？

莎拉·皮尔森：我觉得是性格原因。我是说，这就有点像是成为一名风险承担者。不，不是，更像是成为一名企业家。人们认为你可以教授企业精神、企业技巧和风险承担，但我认为说到底这也是个性格问题。我也是个研究者，以我的观点，做个冒险家是研究中最美妙的一件事。我曾经对年轻人说，这就有点像是走进热带雨林。你要砍倒这些树木，尝试找到一些新的东西。我想冒险者就像这样，他们对新事物感到兴奋不已，他们对走进热带雨林看看里面有什么感到兴奋不已。我认为这绝对是性格原因。像我这样或者做承担风险之类事情的其他人，还有那些比我做得更多的人，比如，几百年前那些前往南极或北极的人。但现在我们的探险领域在哪里呢？我想我们现在在企业空间里探索，年轻人正蜂拥而至，我认为部分是因为承担风险和濒临边缘的刺激。因此，我认为这是性格因素。

采访者：如果你要对这类人进行理想教育，会是什么样子的呢？英国和澳大利亚的体系会迅速地对人们进行专业化教育。你特有的学业得到很好的培训，但是是在同一领域。然后我们会让他们进一步细化，他们会去读博士学位，成为研究蟑螂角质层或者诸如此类的世界级专家。如果不是这种需要面向外界的教育方式，又会是怎么样呢？

莎拉·皮尔森：好吧，首先，我得说我们两种都需要。所以我不是否定了人们要深入钻研并且在某一专业领域成为专家的需要，显然我们需要接受过这种教育的人。但如果你要培养这样的人，那我认为你还需要额外的训练，扫除盲区，打开他们用其他方式和规则来思考的思路，并教给他们与不同文化、不同思考方式、了解不同事物的人合作的技巧，这种训练对他们至关重要。

我记得几年前我在做癌症研究的时候，美国建立了一个研究小组，囊括了医学家、物理学家、化学家、生物学家、心理学家等。我对此兴奋不已，你知道的，包含了全部领域的人，我真的非常激动。你仍然需要物理学家、化学家和其他所有人，但他们得知道如何像一个团队一样工作。所以我认为如果要继续这种训练，你就得教会人们如何在不同的合作环境下工作。但我觉得也需要培养一些通才，我们需要有人能找出关联，将之变成与众不同的关联。

采访者：这会十分精彩，非常感谢。

莎拉·皮尔森：是的，很棒。

采访者：非常棒，我也很喜欢。我迫不及待地想要看到你接下来的工作。

莎拉·皮尔森：受宠若惊。

如何在环境科学及政策领域管理未知

史蒂夫·多佛斯（Steve Dovers）教授是澳大利亚国立大学芬纳环境与社会学院院长，他愉快地接受了我们的采访。我们将一起探讨在研究、政策和政府与重要环境问题的关联中，无知所扮演的角色。

采访者：在复杂的环境问题上，研究对于管理和政策制定起到了怎样的作用？比如，水供应的管理，处理水灾和旱灾，气候变化的适应和缓解等，哪些形式的未知会出现在这些场景中？它们又是如何呈现的？

史蒂夫·多佛斯：有很多，我认为未知和不确定是经常出现的。实际上，没有它们，都不会存在环境研究和环境政策的工作，因为根本没有任何问题需要我们去解决。但最基本的是：我们对自然体系有所知，有所不知。比如，物种的起源、物种的进化史、营养的均衡等这些全都是环境变量。如果它们之间的内在关联性，在某种程度上如某些人所言，只是复杂性，而非不确定性，就会加剧问题的难度和我们对它的缺乏理解。于是我们知道了一小部分的环境是如何运作的，如湿地、森林或者大气层。但从制定政策和管理来说，你管理的并不是环境，而是人。

举个典型的例子，公园管理员管的不是公园而是游客，因为这是人的使用问题。因此你的问题常常会围绕在人的习惯和后续影响上。但想要理解人们对生态系统的所做所为和其中的价值，真的很难。因此如果你真的想为环境政策做些什么，这当中实际体现的是社会价值和政治价值。它们会根据地域和群体的不同有所区别。于是你开始行动，进入到下一层的未知中，而新的未知正是你的动力。

一个经典的不确定是澳大利亚的山火，它的高度不确定性让人们随时戒备。所以你实际发动的是一场信息战，有多少人会去关注？这会产生影响吗？五年之后又有什么影响？我认为此事中人和自然的关联性更强，不仅是在应对环境，除了环境还有人。而多种形式的未知，更需要不同类型的人。所以水文工作者可以利用水，而水生动物生态学家负责了解植物和动物，渔场管理者或污水处理人员可以在上游种植植物。如果我们让人们以不同的方式参与进来，该怎么做？有用吗？因此所有不同形式的不确定之事，都需要一套不同的技术、知识，以及和专业人员不同的知识产业参与进来，这就是为什么我们用科学的方式处理这些事情——使更多的利益相关者参与，把局域性知识作为有用的知识来接受。同样，西方科学知识和社会科学已经在过去的10年、20年、30年有了更多的参与者。

采访者：那政策形成过程中未知和不确定的情况又是如何？当研究和政策相互作用时它们又如何呈现呢？

史蒂夫·多佛斯：研究和政策相互作用自身就是一个领域。正如你所意识到的，这是一门极其不完美的艺术。我认为展开的一个方法就是，思考下其中有什么东西是值得我们关注的，可能是侵蚀的土壤、污染的河流或正在消失的鱼群。所以科学家通常更为保守（因为他们考虑的东西更多），他们希望能有95%~98%的可靠度，而法院有不同的举证责任和举证标准。政策比你想象中的更难。

一旦你把科学研究转化成政策，或与社会各界讨论相关政策时，各种论证标准会相继浮现，这都取决于利益。如果你的主要目的在于保护海岸线，并且认为引发此现象的所有缘由都罪大恶极，那你这个想法最多有60%的成功率。而如果你碰巧投资了沿海开发，有了利害关系，你可能会抵制这种想法，拒绝这种论证标准。所以你有不同的采取行动的阈值。

采访者：一种常见的说法是，政策制定带来的未知和科学研究中的未知，从根本上来说，有多种形式的不同，如果是这样的话，那么任何科技投入对政策的形成会有怎么样的影响呢？

史蒂夫·多佛斯：我认为第一点是，大多数科学家，实际上可以说是99.9%的科学家并不理解国家政策和政治，那不是他们的工作内容。同时，大概最多有60%的政客和政策制定者能理解科学。他们之间最大的误解是这样的：科学家认为我们就是专家，我们完成了这项研究。它足够严谨，并且我们尽力做到了最好，因此你们必须要遵从这个结果。我会说："不，这只是知识投入的一部分，做决定的一个视角。"所以，就算湿地有硝化作用的趋势，但你还要考虑到渔业、美观和其他特定的产业。所以我认为科学和政策之间的误解是由于知识制造了门槛。于是有人表明："是的，我们要做些什么了。时机很糟糕，我们需要制定一项政策，你能告诉我，我们需要在一周内教授给部长什么知识吗？"嗯，并没有，实际上，如果你给我们一个3年或者5年资金项目，我们才可以告诉你。懂了吧，这两个群体之间是存在交流问题的。

采访者：你现在正在写一本关于适应性管理的书，你能谈一谈其中的内容吗？它和查尔斯·林德布洛姆（Charles Lindblom）的渐进主义有何不同？查尔斯宣称他的观点可以得过且过地处理复杂环境问题和政策问题中的高度不确定。

史蒂夫·多佛斯：适应性管理较有目的性，它不只是线性渐进主义。布齐·霍林（Buzz Holling）是另一个对生态系统提出概念性视角的人，像一个小流域或者一座森林。你知道，我们不可能逃离不确定性。我们有多种视角，但我们也需要行动。因此我们将管理干预构建为可检验的假设，这样我们可以回顾学习，获得进步。这对我们理解死板的系统是一个巨大的突破。理解了这个之后，我们才可以说："我们不在乎，我们要放手一搏。"这才算产生了深刻的影响。

采访者：这听上去更科学。

史蒂夫·多佛斯：这的确听上去更科学，也是很多人所采取的做法。他们认为"你应该把这一方法设计成一个真正的学习试验"，我们认为这是最好的方式。但我们要找出答案，如果你现在考虑的是更加复杂的问题，你可以用更加宽泛的政策或政府制度去适应。所以适应性治理这个概念现在已经获得了很多关注，我们作为整个社会、某个机构或群众，能否在整个管理体制而不是封闭系统中长期保持毅力、目的性和灵活性，这可能是个更大的挑战。实际上这更多是一个施政风格的问题。它需要的是保持好奇心和追踪事物的严谨性，不仅要坚持3年，而是要坚持10年、20年、30年。环境管理中的一个挑战就是，森林系统的一次循环需要好几十年，我们对于地球大气将会在100年以后变成什么样有着争议。这真是令人震惊，我们以前从未想过这么远。

采访者：听起来真可怕。

史蒂夫·多佛斯：的确可怕，但更多的是难以置信。为了种族繁衍，我们常常思考未来。但前沿科学和政策制度思考的时间跨度更加夸张，内容更加复杂，甚至会考虑到50年内会有的问题，而我们此刻应当做些什么。我们当然会觉得这很困难，因为以前可从没做过这事。

采访者：你已经研究了很多特定的问题，那你能向我们举些具体的例子来说明不同类型的未知和不确定是如何展现的，以及当你试图影响政策时它们又是如何作用的吗？

史蒂夫·多佛斯：如果你观察某事的演变过程，比如，流域管理，就会发现，过去10年中我们在以我们的认知管理着农业。我们把地图上的某处标绿，称之为自然保护区，再找个人来治理河流。如果想要面面俱到，则很慢也很难。如果我们想要管理河中的含盐量，实际上需要了解森林上游的状况，农业的发展结果，以及大坝的开闸管理等各个方面。

采访者：你能简单地解释一下流域这个概念吗？因为有的读者可能不太有相关的背景知识。

史蒂夫·多佛斯：某些陆地上有很多河流，这些河流会汇集到一起，最终流入大海。因此比起管理其中的某条河流，你更应该把它视作一个系统。所以人们很沮丧，因为我们对此并不擅长。但如果你往回看，我们在理解和修复某些问题上已经取得了重大的进展。

采访者：你认为还有哪些发生了突破或进展吗？

史蒂夫·多佛斯：一个是收集数据和信息的能力。现在你做的事要么无用，要么有益。但其实我们有着远大的前景，你知道，我们现在可以和追踪大象和其他动物一样在甲虫身上放无线电遥测追踪器。这些难以置信的技术允许我们做到这些事，这是一个巨大的突破。从政治角度来看，风险管理大概出现在20世纪八九十年代。风险管理的框架结构和国际标准，在当时只是一道程序，但现在逐渐开始变得正式化。我们确实在管理着并不了解的事物，这也极大地塑造了工业产业中我们管理景观的方式，这是一方面。另一方面是受到热议的预防原则。它简单地描述了如果有重大危险或不可逆转的环境损害，科学确定性的缺少不应当成为不作为的借口。于是某些人会说这是在禁止开发，但你要认真看看它和它身处的法律体系。因为不同部分的法律都提到了它，如果真有那样的风险，那你应该看看替代选择并且为它提供公正的评估过程。这样一来，举证的责任就从反对者转移到了支持者身上。

采访者：这样听起来，未知和不确定似乎以一种新的管理方式被引入了。比如，你们谈论到的自适应管理构架，相比将某事锁起来说"这就是我们的政策，我们会回来重温的"这样关闭选项放弃其他选择，你可以有其他管理风格，你可以把执行方案当作假说。这意味着你要对它们进行回顾，同时也说明你在某种程度上拥有操控性和矫正选择，因此算是维护了选择的开放性。它扮演了什么关键角色吗？还是私下有什么事在低调运作？

史蒂夫·多佛斯：如果真正地完成了你的方案，让我们讨论一下关于政策意识的事情。我们认为提交出市场机制可交换资源的权利会导致有效分配的水资源或渔业的限制。我们承认不确定性会造成影响，而同时我们也会监控政策介入和鱼或水的存量。你必须让人们行动起来。当然，我们不完全确定这会不会起作用，所以我们会回来观察。不仅是5年一次，而是沿途追踪。也许最大的困难在于找到采取管理或政策干预的时机。你尝试去掌控或处理的自然过程并不会和政策、预算，甚至研究时间表紧密贴合。大家经常抱怨我对官僚主义太过宽容，他们不会长期投资，也无法做出长期承诺。的确，他们不被允许那样做。超前的政府预算就意味着修改，坚持不懈实际上是最困难的事情之一。

采访者：这很好。

史蒂夫·多佛斯：是的，访谈很棒。

采访者：是的，非常感谢你，访谈很愉快。

史蒂夫·多佛斯：要谢谢你们才对。

如何在传染病暴发的未知中做决策

副教授马丁·柯克（Martyn Kirk）是澳大利亚实地流行病学培训课程的负责人，该课程由澳大利亚国立大学授予应用流行病学硕士学位（MAE）。克里·维妮（Kerri Viney）是MAE团队的研究员，她在澳大利亚国立大学完成了博士学位。我们有幸能够采访到马丁和克里，向他们了解传染病领域的流行病学家如何处理该领域中不可避免的未知。

采访者：感谢你们的到来，你们都是应用流行病学家，实际上你们还培训澳大利亚疾病侦探，能否给我们介绍一下疾病侦探的工作？以及你们是如何帮助他们处理未知的？

克里·维妮：好的。疾病侦探有时候也称作实地流行病学家，他们接受专业的训练以监测及应对公共卫生事件。不论是暴发传染病还是出现环境卫生问题，训练有素的他们都会恰当地对事件进行检测及应对。他们会调查疾病的暴发，评估公共卫生监督数据，分析数据并找出威胁所在。与未知打交道是我们经常遇到的事。我们训练流行病学家处理未知的一个方法是给他们提供框架。我们有好几个处理未知的常规框架，例如，疫情调查框架或者风险评估框架。

马丁·柯克：疫情调查框架可能包含10个步骤，但最关键的是要认识到大多数公共卫生事件是非常复杂的。疾病可能暴发在社区当中，造成公众关注，因而存在许多政治压力和社会关注。

实地流行病学家需要应对很多未知，包括疾病类型、潜在病原、疾病起因以及如何预防，等等。

采访者：实地流行病学家是否需要应对政治人员、关键决策者、当权者和政府？如果需要的话，你们是如何培训他们的？

马丁·柯克：危险性信息交流是培训实地流行病学家的一个重要部分，我们通常会教授他们沟通的方法。确保他们的书写能力和沟通能力简单而明确，同时能够简明扼要地描述他们对问题的了解：是疾病的暴发还是社区流行病。这非常重要。他们的确需要跟你提到的利益相关者接触，特别是卫生处的高级官员，偶尔也需要接触媒体。流行病学家在解释现状时起着非常重要的作用，有时候一个社区对于现状的理解会与公共卫生专业人员的理解截然不同，因此给出正确的描述是很重要的。

采访者：你之前提到一个极端情况，即未知疾病的暴发。是否存在该情况所特有的具体类型的未知？如果有的话，你们怎么处理？

马丁·柯克：的确存在具体类型的未知，最显而易见的，如病原。大多数公共卫生依靠实验信息来找出病原或者病因，比如卫生机构会联系实验科学家，尝试研究新的诊断方法来找出病原。但实地流行病学家往往需要在缺乏该信息的情况下进行危险因素分析，所以我们必须对感染这种未知疾病的人加以区分。我们通常根据临床症状、感染时间或者感染场所来分析。有时候还必须在未了解病原的情况下对如何防止感染给出建议，所以新疾病确实存在特有的问题。当然还有社会关注，这在缺乏诊断设施的低收入和中等收入国家常有发生。高发病率或者死亡率的疾病也可能发生在乡村，造成巨大的公众忧虑，需要做出迅速的反应。

克里·维妮：其他的未知还包括感染控制，如何阻止疾病传播？谁属于高风险人群？卫生工作者是否处于高风险，还是社区人员或者免疫功能不全的人群？治疗是否有效？在找到病原体、病因和危险因素之前，我们需要处理很多的未知。实地流行病学家的工作就是描述所有的事情，提供尽可能多的信息，使我们能够尝试探索这些未知并弄清楚它们。有时候我们找不全所有的未知，但我们把所找到的整理起来，就能增加对于这个公共卫生问题的科学理解，从而通过这样的方式增长知识。即使我们未能找到关于这个公共卫生问题的所有未知，我们也能对这个问题逐步加深认识。

马丁·柯克：在进行流行病研究和疾病干预的需求之间存在着有趣的矛盾：即使不了解疾病的起因，即使我们没有完成研究，卫生处可能也必须告知人们如何应对。

采访者：举两个起初我们不知道病因的极端例子，也就是艾滋病和非典型性肺炎。正如你所说，在了解具体情况之前你们就需要采取行动，那么作为实地流行病学家，你们是如何给出建议的？例如，部长大臣或者银行经理打电话询问："我要如何保护我的客户？我应该擦干净门把手吗？"或者一个母亲打电话来问："我该如何保护我的孩子？"在那些情况下，你们是如何对未知做出判断以有效地帮助人们？你们使用的经验法则是什么？

马丁·柯克：一般来说我们会通过媒体、社交媒体以及其他途径传达已知的危险。非典型性肺炎是一个有趣的例子，国际卫生机构，包括世界卫生组织等的力量都被动用起来，他们迅速建立了实验室网络，尝试做出诊断，确定病原。他们必须排查引起该呼吸疾病的一系列潜在细菌、病毒和原生动物，最终他们确定那是一种冠状病毒。所以新型疾病的状况往往涉及一个非常复杂的体系，需要发动全球卫生机构的力量来解决问题。

采访者：你是食物传播疾病方向的专家，有没有什么未知是食品传播疾病所特有的？请给我们举一个具体的例子。

克里·维妮：食物传播疾病的定义是：人们吃过某种食物或者被污染的食物后所得的疾病。针对食品传播疾病的疫情调查通常由一个小组执行，该小组包括微生物学家、流行病学家和食物安全官。在许多不同的未知中，最主要的一个是造成人们患病的食物。我们通常会进行一项流行病学研究，比如，有100人去了某家餐馆，其中40人因沙门氏菌感染患肠胃炎。我们会对此进行一项流行病学研究，询问他们吃了菜单上的哪些食物，然后把患病者所吃的食物和没有患病的人所吃的食物进行统计比较，我们就能得出患病的相对风险，并由此确定致病食物。但有一个明显的问题是，厨房出了什么错？食物传播疾病研究小组通常只能确定致病食物，他们不一定能知道厨房发生了什么事情。因为问题可能出现在疾病暴发的一两天，甚至一周之前。在理想情况下，我们还想知道厨房是否出现了污染，是否有人没有正确地洗手？或者在同一块没有清洗的切菜板上切生肉和蔬菜？另外，也有可能是由来自农场的原材料引起的污染。比如说，可能是水果沙拉中的水果被受污染的水清洗过，而污染源可能在另一个国家，所以这是非常棘手的未知。我们通常的处理方式是追溯致病食物原料的来源。在食物传播疾病调查中，我们依靠三种来源证据：微生物学证据，也就是在食物和厨房操作台上的细菌测试；流行病学证据，即统计比较；还有最后的追溯证据，追溯致病食物的来源。综合所有信息，我们可以对整个事情有更好的了解。

采访者：克里，你的专长有点不一样，你专注于结核病。你在太平洋地区的结核病领域有独特的专长，结核病领域的未知是否有所不同？在其他文化背景下工作是否让事情变得复杂？可以与我们分享一下。

克里·维妮：好的，我想现阶段对于我们来说最主要的一个未知是在太平洋区域或者其他范围，甚至全球，有多少结核病患者？据估算，全球约有300万未被查出的结核病患者，他们不在结核病统计中，他们未曾到卫生机构诊查，因此全球都在为诊查结核病患者而努力。他们可能在社区里生病了，有些肺部的毛病，他们可能到过保健诊所但被误诊而回家，诸如此类。所以这是首要的未知，巨大的病患需求促使我们必须诊查出他们。找出这些患者有不同的方法，这被称作主动案例查找，全球都在为此而努力。在太平洋区域约有2000名结核病患者未被确诊，因此该区域一直在努力进行主动案例查找。到结核病发病率高的地方筛查人口，确保检查免疫功能不全人群和结核病高危人群，所以这是全球范围和太平洋区域的首要未知，我们需要找出患者。针对太平洋区域，我在包括瓦努阿图和基里巴斯等国家做过不少工作。有些未知围绕着结核病病原学。我们在一个国家做过调查，对患者进行访问，这些人都被确诊患有结核病。但有些患者依然相信结核病并非由细菌引起，而是由巫术、繁重的工作、懒惰、吸烟或者一系列其他的病原引起，但我们知道那些都不是结核病的诱因。所以对公众而言，结核病存在着许多未知：病原是什么？如何有效地治疗？全球范围内一个重要的未知是世界上有多少患结核病但未被确诊的患者。针对公众、患者、传统治疗师，依然存在着对病原学的迷信。对于他们来说，结核病的病因、如何治疗和痊愈，都是未知。

采访者：病原学，你指的是病因？

克里·维妮：对。

采访者：很好，你们还有什么想要补充的？

马丁·柯克：我唯一想要补充的是，传达我们所不知道的事情是最大的难题之一，无论是对部长大臣，还是对我们的团队，或者是对公众，他们往往不想知道我们有所不知，但我们的拼图中总有未完善的部分。

克里·维妮：我认同马丁的观点，我们确实需要处理未知。作为科学家和流行病学家，我们不喜欢那些未知。但因为我们同时是公共卫生工作者，我们想要保护公众健康，那是我们的主要职责，我们必须继续向前。我认为危险评估框架和其他手段是帮助我们传达风险以及未知的一个方法。

采访者：非常感谢你们两位，很棒！

马丁·柯克、克里·维妮：非常好，我们很高兴。

如何处理情报安全领域的未知

格兰特·沃德洛（Grant Wardlaw）博士是澳大利亚国立大学国家安全学院及法规制度中心的访问学者。他曾在顶尖的澳大利亚犯罪情报研究及政策组织里任高级行政职位，最近还担任了澳大利亚国家安全与警务中心的高级研究人员。格兰特主动接受了这个访谈，和我们一起探讨未知给瞬息万变的情报界所带来的挑战。

采访者：格兰特，情报安全领域在近几十年中发生了巨大变化，您能谈谈这些变化对于情报工作人员所要应对的未知意味着什么吗？

格兰特·沃德洛：嗯，我认为近几十年里有两个真正的分水岭，一是苏联解体，二是纽约的“9·11”恐怖袭击。这两者彻底地改变了情报领域的游戏规则，并且将整个系统从原来的关注苏联持有多少核弹头这类旧的方式或问题中抽离出来。曾经比较棘手的问题是苏联领导人的意向，在什么情况下会使用导弹等，但本质上这是个进程缓慢的大问题。而在苏联解体后，虽然部分仍然存在，但这个问题显然在很大程度上就消失了。但整个情报领域开始关注一些跨国性质的威胁，特别是恐怖主义。尤其是在“9·11”后，小布什向恐怖组织宣战。此外还有组织性犯罪，大规模杀伤性武器的增多等一系列对于情报界来说是截然不同的、不明确的问题。这些问题短期内变化很快，并且要在很短时限内向情报需求方汇报。问题的本质也大有不同，即情报更多用于阻止单一事件的发生，例如，一次恐怖袭击，大规模杀伤性武器及材料的运输等。所以这是一个完全不同的环境，你需要从之前那个围绕苏联问题的环境中转换过来。那个问题看似笼罩于迷雾中，但原则上来讲其实可以找到问题的答案。而当今的跨国组织犯罪和恐怖主义从本质上来说就是个谜，至少其中一部分问题的答案是不可知的。因为就连那些执行这些行动的人，不到最后一秒也不知道他们要做什么或者要怎么做。

采访者：那么互联网的出现又如何？这也改变了游戏规则吗？

格兰特·沃德洛：当然。主因显然是由于每个人都可以接触到大量信息，这意味着之前只有情报机构掌握的信息现在可以被更多的人群接触到。所以，情报界本身多了不少竞争者，因为很多信息都能在互联网上获取。因此数据的提供者、汇集者等，都做了部分曾经只有情报机构在做的事。而另一个方面是关于互联网上的通信，互联网和其便捷的性质使各种人，不论好人坏人，在世界任何角落都能互相沟通。这意味着各种恶意行动的策划在某种程度上变得更加容易，因为如信息加密之类的措施可以更容易办到。这就会引发一系列不同的问题。那些原本觉得混在一起组织一次犯罪行动还要组织好后勤和实时监控非常困难的人，现在却能轻松办到了。

采访者：您提到过游戏规则已经变了，出现了不可知的未知之谜，就是我们原则上不可能知道的事。这对你们提供决策支持的方法有什么改变呢？有没有途径能使决策更有力或更适用于未来的情况呢？

格兰特·沃德洛：我觉得这将是拓展更多分析技术的开端，越来越多的精力可以被投入到将来的分析以及假设的设立和备选假设的检验中。这些曾在很长一段时间里是情报分析的一部分，而现在更多强调的是创新分析技术的开发和应用。我们现在谈论的是互联网的出现所带来的改变，更广泛地来说是大数据的出现，这意味着会有更多的创新技术在筛选信息。当然并不是像我之前说的直接去收集和目标相关的信息，而是先去收集某一地区所有你能收集的信息，然后应用智能分析技术去发掘新的信息以及信息之间的联系。但关键在于你必须明确你想要回答的问题，并且明确那个问题如何去支持一个特定的决策，否则你可能会陷入单纯描述这个世界的风险之中。单单描绘世界没有什么用。

采访者：您可能有所了解，心理学研究指出人们有确认偏误。我们倾向于去收集并注意能支持我们想法的信息。与此相关的还有视野狭隘，当然是在群体层面上，会存在群体思维。

格兰特·沃德洛：是的。

采访者：有什么方式能让人在情报工作中规避那些问题呢？

格兰特·沃德洛：当然有，只是那些方式还没引起重视。只有当因情报过失造成了损失后，人们才会更重视这些问题。例如，在伊拉克战争中的大规模杀伤性武器的报告、“9·11”袭击本身等。在这些事件中，相互对立的假设需要被重视，以确保机构内的不同分析员以及不同的机构之间能有更强的交互性来互相检验各自的假设，明确各自的假设到底是什么，为什么备选假设不成立，为什么你放弃某个假设。我认为，对于很多类似于反恐领域这样变化迅速、问题爆发快、失败容许率低甚至于失败容许率是零的机构来说，困难在于没有多少时间用于开发新技术。因为节奏太快了，人们根本没时间去做理论工作来让他们能100%地确定他们所做的评估。

采访者：显然保密至关重要，这里面的原因无须多言。但一个潜在的两难困境是，这个做法会让公众蒙在鼓里，在某些情况下甚至会给予公众误导的信息。一定程度上的滥用那些保密措施会引起什么顾虑呢？

格兰特·沃德洛：对于部分公共机构来说这些事的确造成了困扰。在不少国家都有这样的事发生，即保密措施被用于掩盖滥用的行为，之后又在不同情况下被曝光。所以当代环境对于情报流程的透明度有了更多的重视，不仅在总体层面上，也包括某些情报机构的一些特定的行动。我的意思是，对于一些人来说，没什么比完全公开更有必要性。即使公开会毁灭情报工作的初衷。但是长期以来我们已经建立了强有力的机制。事实上，不同的国家有不同的模式。但很多国家都已在尝试追求保密需要、责任义务及透明性之间的平衡。

采访者：您多次强调了跨机构多元合作的兴起。这在处理未知、收集信息、证明标准等方面引起了多大程度上的困难？

格兰特·沃德洛：显然，这个问题是在过去几十年里才迅速兴起的，其初衷是为了让情报能够被更多的执法机构所利用。特别是在反恐领域，国家安全情报机构和警察情报机构之间会有很多交流。但是警察的行事方式又有些不同，因为情报和执法部门行使调查的最终目的是起诉。所以对于执法部门来说，将情报转化成法律证据是完全不同于在国防事务上的一些幕后操作的。

采访者：是的，所以如果你需要处理有组织的犯罪问题，重点是为了能够进行起诉的话，你就会更注意取得证据的方法或途径，以确保拿到的证据能被法庭受理，对吗？

格兰特·沃德洛：没错。我的意思是一个国家情报机构总的来说不需要担心其方法或者情报源被泄露。因为他们只需要给决策者提供建议，帮助决策者做出决定，而且很多时候你都不知道决策是不是真的会用到那个情报。但对执法机构来说，你管辖范围内管理这些事情的机构，也就是法院，实际上可以要求披露信息的来源以及取得方式。这些信息，如果是情报，是如何被获取并引发调查的。我想说的是，实际上证据是由调查来产生的，是由正式的犯罪调查产生的。

采访者：对。

格兰特·沃德洛：但有些法官可能就会说："不，我要先知道你是怎么合法地拿到证据的。"某些情况下起诉不得不终止，就是因为情报获取方式和来源处于暴露的危险之中。而情报来源被暴露所付出的代价可能高于起诉失败所面临的代价。

采访者：情报界以及情报人员是如何应对这些变化的？我是说，这必定让情报界人士所需要持有的技能增加了很多不确定性。这是否造成了新的问题？比如，是否需要再培训，或者是否需要新的方法？诸如此类？

格兰特·沃德洛：答案当然是肯定的。特别是在被视为情报失败的"9·11"及伊拉克大量杀伤性武器等事件的背景下，这必然导致了情报界的巨大变化。不好意思，我是说，它们是很多情报界变化的公共起点。但事实上，情报界无论如何都会变的，因为环境大大不同了。新的组织已经有了新的具体的情报任务，情报机构之间以及情报机构和其他领域机构有了更多的合作，这些都在迫使人们去开发和建立新的分析方法。而为了确保新的准则能够顺利地推广，分析人员必定需要更多的培训和分析上的支持。

考虑风险的整个领域以及社会和政府决策者对不同级别风险的偏好，是另一件迅速变化的事情。我们已经看到了这种转变，从接受某种程度的风险、理解风险是无可避免——你不可能把某些问题的风险降低到零，到现在完全不接受风险存在的转变，尤其是在政府对待恐怖主义时，是采取零风险容忍的态度。因此我们更加需要强调防范，试图在事情发生之前进行干预。即使干预也许会在如公民自由和流程标准等方面造成一定问题。我认为会有更多诸如此类的问题暴露出来，特别是在数据收集方面，数据量、数据类型以及获取数据的方式等，都变得越来越有侵入性。所以公民自由之类的问题将会变得越来越突出。

采访者：好的，那么格兰特，非常感谢您今天参加访谈。

格兰特·沃德洛：这是我的荣幸，谢谢，迈克。

小结

简要概括一下我们这五次采访的内容。我们这次主要关心的是，当面对未知和复杂环境时，专家们是怎样做决策的，以及无知的本质是如何影响他们做出决策的方法和风格的。接下来的内容主要围绕着以下两个主题。

第一个广泛出现的主题就是无知能将决策者置于两相矛盾的境地中。让我们来看几个被采访者提供的事例。

比如，在政治中，迈克·莫里就发现有时拖延可以用于实现特定政治目的。尽管在多数情况下，政治家都应当表现得非常有决断，哪怕缺少关键信息也要当机立断采取行动（通常人们都希望看到政治家这样的表现）。但决策一旦做出后，这些政治家就会迅速成为被批判的对象，无论是来自对手、媒体还是利益相关群体。所以关键在于判断何时做出决策。要利用拖延来避免做出易受攻击的决策，同时还要避免拖延本身使决策者显得优柔寡断。

就此，多佛斯教授首次提出了观察到的有趣现象。对全球变暖等长期环境问题，通常会进行高级别的政策辩论，然而政府公职人员却只有权限做出短期决策。尤其是只局限在本次任期内，而这种局限可能会导致政府只关心眼前政策，却忽视了长期的政策构建。

另一个被频繁提起的问题是要依靠无效信息做出快速判断，这在疾病暴发问题上就非常典型。正如在对流行病专家马丁·柯克和克里·维妮的采访中听到的，他们举出了这种问题的多个例子，其中甚至包括了肺结核等众所周知的流行病的暴发。那可不是什么无关紧要的决策，其中许多都涉及了对公共卫生工作者的建议，以及如何向公众宣传疾病的风险和应对措施。

在另外一个领域中，皮尔森博士则和我们讲述了企业家们总是愿意了解其他企业家的知识和创意。但与此同时，却又想要对自己的创意保密，以避免被竞争者窃取。当然，其他企业家们也是一样的想法。因此，在企业家们决定是否要分享可能会也可能不会受到知识产权保护的创意时，就存在一种张力。当大型企业处于危机边缘时，这种紧张感就会被格外凸显出来。

采访中浮现出的另一个主题则是决策者对于未知的建构是如何影响他们决策的风格和方式的。如果企业家们想要开创事业，一定的未知就是必需的。而且这些未知应当是某些特定种类的无知。正如皮尔森博士指出的，对企业家来说，未知是机会的根源。他们越快地发现这些机会，越快做出尝试，抛弃无用项，他们成功的机会就越大。

科学研究者们的需求很大程度上也是如此。事实上，这就是科学社会学研究者罗伯特·莫顿所说的“可用无知”。可用无知必须是要减少的，至少要减少至创业者们能够做出决断是否要坚持下去的程度。而且它们应当还没有被其他创业者获取。不可回溯的未知，或是已经有人着手研究的未知，无论对创业者还是科学家来说就都是无用的了。

环境管理和政策形成也都同时涉及可了解未知与不可了解未知两部分。在环境政策辩论中的一个关键问题是举证准则。可以据其判断怎样的证据是有效的。多佛斯教授指出，科学工作者、政策制定者或是其他利益相关者的举证准则各不相同。因此，当某些人想要采取行动时，其他人会反对，认为尚需更多研究才能行动。大多数关于气候变化，以及人类在其中作用的辩论都纠缠于举证准则上。当我们考察政策制定者和提供建议的科学家之间相互的影响时会进一步思考这个问题。

这个主题中的最后一个例子来自于沃德洛博士讲述的“困惑”和“谜团”间的有趣区别。他对比了判断苏联核武器储备问题和打击跨国恐怖主义问题。这种区别要归结于前者是可还原的未知，而后者则是不可还原的未知。沃德洛博士详尽阐述了不可还原未知引发了整个情报界决策过程的转变。这些转变包括更加强调数据的获取和挖掘，情报机构间加强合作以及优先权逐渐从反应转移到了预防性情报措施上。采访中可提取的信息很难一言以蔽之，我们会在本书最后的材料中再次回顾。的确，下一章我们会继续讨论在这里提到的主题，即关于我们面对的不同种类未知间的关系以及在无知状态下如何做出决策。

无知与复杂问题：应对无知的策略

在这一章中，我们会看到在决策时，无知和复杂问题之间的相互作用。通常研究人员应该帮助决策者或从业者做出决策。他们会参考相关知识，找出证据，这将帮助决策者和从业者做出更好的决策。但是，正如我们已经谈到的，思索我们所不知道的同样重要。而我们需要做的，是成为更加称职的研究人员，我们需要更好地帮助决策者和从业者，考虑到他们决策中的盲点。所以，我们要做的是探讨上一章已经描述过的策略。即为了接受未知，我们要如何做。我们需要注意灵活性和弹性，如果出现错误，我们就可以更容易复原。

我们再来探讨第二个策略——预防原则，其目的是避免潜在的灾难。预防原则是指，如果事情看起来会导致重大的麻烦，即使证据并不全面，最好也不要这样做，这样我们就不会做出不可逆的事情。接受未知的第三个策略是，建立场景，这是在寻找未来的可能性，探索未来会如何演变的不同路径。第四个策略是建模，你可以建立模型，进行调整，可以看看使得政策改变的可能影响因素都有哪些，这些将发生在模型中，而不是在真实世界中。

如果出现了问题，很容易在模型中进行改变。如果你实际上已经在现实生活中做了，则没有那么容易改变。第五条对于接受未知的策略，我们称其为适应性管理，我们要做的是不断监控和调整一个政策，以确保它在正确的轨道上达到应该达到的效果，而不会偏离轨道，造成不可逆的伤害。当我们试图帮助决策者做出更好的决策，这些接受未知的策略，就像锦囊妙计，是很有帮助的。

我们还需要开发其他的策略，这里有充满挑战性的领域供我们研究。迈克提供了一些警示性故事，是关于研究者如何与决策者互动的，我们要注意这些事情：快速和慢速思考、再认知启发、当结果异常时寻找更多信息是无效的、模糊的重要性、人类认知的重要性以及适度容许误报的重要性。让我们一项一项讲解，先来看看快速和慢速思考。这是由丹尼尔·卡尼曼提出的，他也将其称为，系统1和系统2思维。需要提出的是，这和我们之前讲到的系统思维是不一样的。系统1思维快速、直观、基本上是无意识的，而系统2思维则更加深思熟虑、有逻辑、具有意识。系统1思维不存在疑问，在系统1思维，如果你遇到什么状况，做出决策，不论如何都会坚持下去。系统2思维就是怀疑和有意识的无知，它非常重要。在处理复杂问题时，我们知道了有两种不同的思考方式，我们需要弄清楚如何平衡这些思考方式，以使我们在复杂问题上做出决策时，得到最好的结果。

接下来要谈到再认知启发，会与迈克所讲的有些不同。迈克谈到的是，当再认知线索与结果紧密相关时，新手可能会比专家做得更好，他给出的例子是足球比赛的预测，根据足球队的前期报道，成绩最好的足球队，往往会获得最多的宣传，人们会听过他们的名字、认识他们。所以，当你试图找出谁更可能在一场足球比赛中取胜，你听说过的很可能是一个不错的选择，这是再认知启发取得成效的方式。当再认知和结果之间的相关性较差，再认知启发并不是好的选择。而这常常发生在复杂问题中，复杂问题中会发生的是，媒体常常仅报道问题的一个方面或问题的某几个方面，它并不会带给你问题的整体复杂性的良好意识。并且，报道的那些方面可能与结果并没有良好的相关性。因此，在处理复杂问题时需要多加注意再认知启发。

让我们看看，寻找更多信息在何时是无效的。迈克谈到了异常的结果，很可能是不可能发生的。在这种情况下，寻求更多的信息是徒劳的，他所给出的例子是，失踪的人们究竟是被杀害，还是得了罕见的疾病。就复杂问题而言，也可以用这个例子，恐怖主义的某些行为是非常罕见的，那么他们会不会是精神病患者，从而犯下这些暴力行为。这些都很糟糕，这些都是罕见现象，无法确定它们何时会发生，无法预测它们。这类问题的后果，是决策者会受到无理的批评。如果他们不尝试和寻求更多信息，社会会更加挑剔，受该问题影响的人需要明白，寻求更多信息是无用的，他们需要更好地面对不确定性。在这种情况下，我们需要把我们的资源投入到管理不确定性之中，而不是试图定义更可预测的结果。

接下来要探讨，何时模糊性是可取的。在面对复杂问题时，很难做出鲜明的是或否的决策。迈克谈到，引入第三方或中间选项会有所帮助，它可以引入一些模糊性，给问题一些灵活的空间。有时，这可能对陪审团程序有所帮助，迈克提到了这个例子。迈克还提醒我们一个事实，即人类不能很好地识别随机序列，但在混沌序列中，我们善于识别持续性进程和非持续性进程。所以，如果复杂问题存在随机序列，我们需要有决策支持机制，我们人类的识别能力是不可依赖的。而如果复杂问题中有混沌序列存在，那么我们就可以更多依靠我们识别混沌序列的能力。因此，不同的过程取决于复杂问题中是否存在随机序列，或者混沌序列。当然如果两个都有，则会变得更为复杂。

迈克谈到的最后一点是，容许适度误报。他给的例子是关于烟雾报警器的，你需要烟雾报警器及时通知你有火灾发生，让你知道要脱离险境。因此，可能你偶尔忍受当你在做饭的时候，烟雾报警器响了。这样你可以确认，当真有火灾发生时，警报器会响。在复杂问题中，容许适度误报也很重要，它在多用途环境中是重要的。就像珊瑚礁有多种用途，它适合旅游，旅游会带来资金。但珊瑚礁也可以用作货运专线的路标，船只会经过它们运输煤或其他货品。在这种情况下，当存在多种用途，并且其中一方可以影响另一方。例如，在用它进行普通运输时，如果出了问题，就会摧毁旅游业。你需要容许适度误报，因此，你会制定更为严格的规则，当航运使用到珊瑚礁时，对排放废物有所限制，或排放到航线之外。于是，你会探索如何去保护环境，并容许适度误报。

IGNORANCE

07

我们能在无知的状态下做好决策吗

什么是决策

这章我们将要探讨，是否有可能在无知的状态下做出有利的决策。传统的决策模型解决不了这种问题，因为它们需要大量信息作为前提。当我们掌握的信息极少时，要靠什么去做决策呢？是一套道德准则吗？只要没有更多信息就尽可能推迟决策的做法放之四海皆准吗？是否存在无论前景如何都仍然稳健的选项？如果有，都是些什么样的选项？简单来说，在无知的状态下有没有某种标准能够指引决策？

决策的定义

首先，我们需要知道什么是决策。为何要费神去定义决策的概念？大概最明显的原因是人们要为自己的决策负责，针对决策的苛责已经烙印在法律之中。其次，只有清楚自己的行为或选择是在未受他人或他事影响下做出的时候，我们才有可能从失误中学到东西。那么，什么是决策？字典给出的定义是：蓄意或故意从一系列可能选项中做出选择的过程。这个定义所传达的含义是，决策者是完全清醒且掌控决策过程的。如何得知一个行为是一项决策？似乎只要确定它是否是在清醒且有意识情形下做出的就可以了。

然而事情并不是这么简单，安布罗斯·比尔斯（Ambrose Bierce）在《魔鬼辞典》（*the Devil's Dictionary*）中把决策定义成“屈从强势”。比尔斯是说，我们坚信是自己做出了决策，或是坚信其他人做出了决策，但这可能都是自我麻醉。显然，我们总是愿意在事后宣称那些产生好结果的决策是自己做的，坏主意都是别人出的。准确认定自己决策的问题变成了我们能在多大程度上不留情面地坦诚面对自己。

准确辨识他人决策的问题则更加复杂。我们更倾向于把别人的行为看作是他们故意而为的，但对自己则不这么看。这之中的区别就是心理学家所谓的“基本归因偏差”，或者更准确地说，是“行动者——观察者效应”。它描述了这样一种趋势：我们倾向于用他人的个性解释他们的行为，但对自身却更多地从外部环境上寻找理由。其后果是我们比他人自己更容易相信他们能够做出审慎、刻意、清醒的选择。

什么不是决策？大体来讲一个决策同时包含动机和意图，而一个选项只需要具备动机。然而决策概念的界定是模糊的，它取决于所涉及的理论或模型。一些认知心理学家认为不自觉或习惯性的选择不是真正的决策，因为它们缺乏清醒的意图。而另一些人则认为它们是“无意识”的思考，并依然将其认定为决策。

不同的领域都是如何看待决策的？从古至今，很多学者和研究者都把这种决断的能力看作人类独一无二的主动自省能力的化身。所有宗教和道德哲学系统都会指导我们如何做出决策，而且通常也会描述人们如何决策的模式。

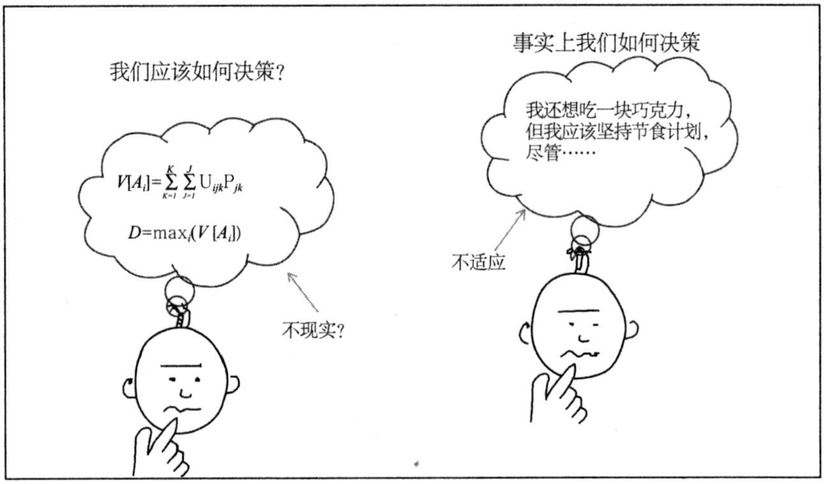

为什么我们对决策更感兴趣了

过去的60年来，尤其在心理学和经济学领域，对决策的关注出现了明显的增长。这种现象不仅局限于学术界，还出现在政府部门和企业中。

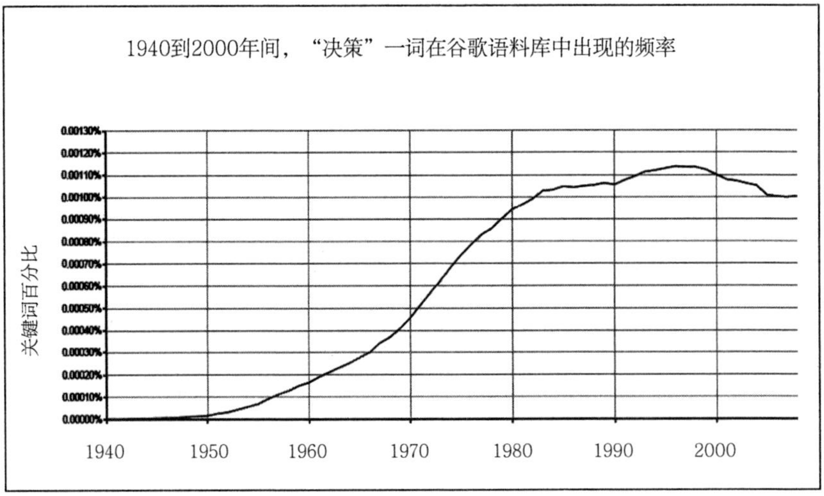

关注度为何上升？在众多理由中，无知占据了最中心的位置。正因这种未知的爆炸，我们不得不去关注，如何在缺乏信息的情况下去做出最佳的决策。

第一，过去几十年间，已经有数个社会从专制转化为更加民主的政府形态，公民将在更多情况中获得选择权。第二，财富的增长和技术的进步改变了人们的生活，开阔了他们的眼界，因此更加拓宽了公民可以做出的选择。第三，社会和技术改变的幅度增大，使在大量未知的新环境中做出决策的需求也有所增长。很多时候，政府的政策和法规没办法跟上实际的变化，因此他们之前对决策设定的限制就会产生松动。第四，越来越复杂的社会和技术系统造就了越来越狭窄的专业划分。这意味着需要更加依赖其他专家的判断和决策。反过来，外行则要求专家提供其决策方法有效性和可靠性的保证。第五，我们对媒体以及互联网的风险和机遇意识都提高了，且对其不可缩减之未知的认识也加深了。和过去的几十年相比，有关健康、经济、环境以及其他方面的新闻越来越多。

理想化的决策都需要知道什么

现在来看一个理想化的决策过程，其中决策者拥有做出一个全面且理由充分的决策所需的全部信息。首先，决策者必须知道要决定的是什么。其次，他需要清楚所有的备选选项，接下来他需要完全了解每个选项将造成的可能后果，然后他必须能够根据优先级对后果排序。最后，他应当清楚每项后果的可能概率。总而言之，决策者为了做出一个全面且理由充分的决策，需要知道非常多的信息。如果你能掌握所有这些事情，即所有可能的选项，做出选择后造成的可能后果，每个后果可能出现的概率，以及你自己对这些后果不同的偏好，就可以使用在经济学中发展起来的主观期望效用理论提供的一个干净利落的算法，来获得一个最优化的决策了。关于主观期望效用理论，我主要想说的是，这个理论需要预先了解上述所有的信息，而很多真实的决策却牵连到相当多的未知因素。当我们需要考量这些未知的时候，就无法再使用那个漂亮的算法了。

未知对决策的不同影响

现在我们对照着前面的理想化决策过程中的各个步骤，来看看未知对决策的不同影响。

第一，我们常常没办法知道所有的选项，但备选项的集合往往决定了决策本身。

假设你要去超市买点水果，到超市后你发现水果区有西瓜、苹果、梨、桃、油桃、橘子、香蕉和葡萄。于是你首先要决定的就是买哪一种水果。但如果你到了之后发现超市里只有苹果：姬娜果、粉红佳人、澳洲青苹、蛇果、红肉苹果、旭苹果和鲍尔温苹果，那你的决策就变成了买哪种苹果。又或者你到了发现根本就没有水果，这时你的决策就变成了要不要去另外的超市看看。未知就在此时介入，可能到达超市之前你并不知道要做出哪种决策，因为你还不知道超市里有哪种水果，或者有没有水果。总结一下，就是备选项集合决定了你将做出的决策。

备选项产生的另一处影响是，决策者是否清楚未来会有一些新的备选项出现。此时决策会从根本上产生变化，即从当前已有的选项中选择，还是要等更好的选项出现时再做决定。最近我的一个朋友在经过1年的对比之后，终于决定接受当前获得的工作机会而不是继续再等一个更好的。但令他恼火的是，一个更好的机会还真的在2个月之后出现了。

第二，我们通常没法预料到所有可能的后果。

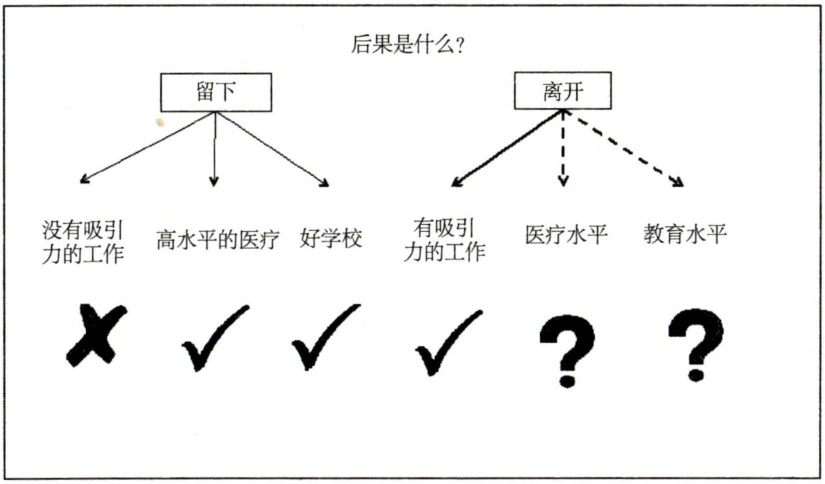

我一个同事最近不得不决定是否要接受一个外国大学提供的职位。这个职位非常有吸引力，而且无疑会推动他的事业。他本来就对目前的职位失望透顶，且已经在寻找新的机会了。但他妻子的健康问题需要特定专家的诊治。如果他们搬走了，还能否获得同等水平的医疗？另外，他的一个孩子在上中学，另一个在上小学，他还要考虑新地方有没有好学校，以及孩子们能不能处理好旧友新朋？

第三，我们通常无法判定结果的概率。

虽然我不会就此全面展开可能性判断的心理学研究文献，但我们会从中举两个简单的观察结果。首先，很多人更喜欢口语化的语言，而非使用数据去描述他们对一个事件的看法。这种情况甚至在专业领域也会发生。例如，刑法里应该给举证标准“排除合理怀疑”规定一个数字值。其次，在很多现实的决策中是没办法数据化的，更不用说给事件一个清晰准确的概率，尤其当它们是独一无二的时候。想想看我的同事该如何为“他十几岁的儿子能够很好适应搬到不同国家”这个事件的可能性赋予一个数值。

第四，对事件的偏好这个因素也是很难处理的部分，即便是在相对简单的决策中。因为它们会被各种原因影响，比如，备选项的组成、诱导偏好、默认规则以及社交互动等。有一个大型研究机构证明，通过不同的引导方式，偏好可以被改变甚至彻底扭转。比如，默认的“退出”规则，即雇主自动将雇员工资的一定比例分配到他们的退休金账户中，相比雇员主动要求雇主将相同比例的工资放到退休金账户的“加入”规则，会带来更高的退休金储蓄参与率。

在下节中，我们将会研究当因无知而无法应用主观期望效用理论及其相关算法时该如何进行决策，以及寻找在无知的状态下做出有利决策的办法。

在不同类型的无知中，我们如何做决策

1995年，两个长期投身于人类决策研究的学者，罗宾·霍格斯（Robin Hogarth）和霍华德·昆路德（Howard Kunreuther）发表了一篇文章。其中讲到了人们在对结果、可能性以及结果所造成的后果没有充分认知的情况下会如何做决定。他们设定的情景是购买消费品的担保，比如笔记本电脑的保修。

研究结果之一是，被试者中虽然占少数但比例也相当高的一部分（25%~33%），使用的是所谓的元规则（meta-rule）来做决定，而非出于对消费担保或商品本身特性做出的评估。这些元规则包括后悔规则，比如，“如果发生故障了，我会后悔没有购买担保”，通用预测规则，比如，“我购买的产品总是会坏”，或者一条通用准则，比如，“我绝不会购买这种类型的担保”。最后这种元规则很有趣，因为不同于其他规则，它没有涉及买或者不买担保的后果，而是相当于一种道德立场，或者是义务论（deontological）而非结果论的决策理由。义务论一词“deontological”源于希腊词汇“deon”，指义务。相比于结果论推理，义务论推理有一项实用优势，那就是使用义务论推理做决定时，你不必了解任何可能的结果。义务论推理可以被用于在无知的状态下做决定。

电车难题

在伦理哲学中长期存在着一个有趣的争论，那就是义务论和结果论的立场互相对立。概括地说，争论的焦点就是应基于得到良好结果而做决定，还是应当做正确的事。阐述义务论和结果论的一个经典例子是“电车难题”（The Trolley Problem）。

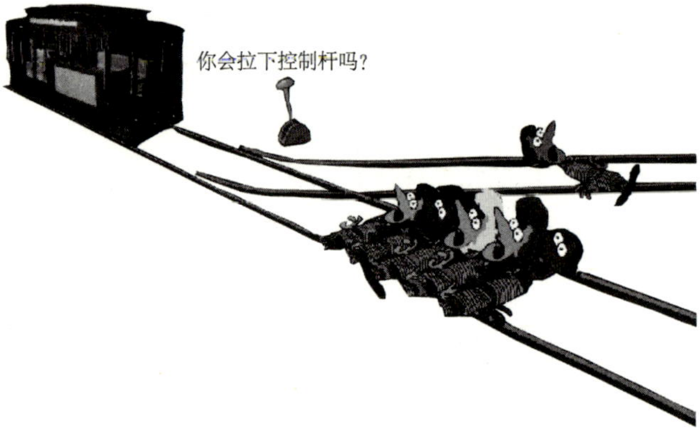

这一问题首先由哲学家菲利帕·福特（Philippa Foot）于1967年提出。一辆失控的电车正驶向被绑在轨道上且无法移动的5个人。你已经没有时间给轨道上的人们解绑。但你正站在车站里，旁边有一个控制杆。如果你拉下这个控制杆，电车将驶向另一条轨道。但是这条轨道上也绑了1个人。你有两个选择，什么都不做，等着电车撞死主轨道上的5个人。或者拉下控制杆，改变电车轨道，让1个人死亡。你会选择哪个选项？为什么？

结果论者或是功利主义者会认为失去5条生命比失去1条糟糕得多，所以最佳选项是拉下控制杆。但是如果你坚持道德准则“不要伤害”，这条准则通常被认为是最初的希波克拉底誓言（Hippocratic Oath）的一部分。那么于你而言，拉下控制杆的行为就违背了这一原则。许多研究表明，大部分人会选择拉下控制杆，但也有一部分人选择不拉。这一选择的义务论式推理值得被提倡，因为它可以在我们无法充分推论出结果时使用，至少无须做出大量假设。但这是因为普遍的道德原则比如“不要伤害”或者“己所不欲勿施于人”并不将未知纳入考虑范围内，它们随时随地被应用，无视具体情况差异。把未知引入电车困境的情景中，就可以显示出这一点。

假设不是5个人被绑在轨道上，而是5个体格强健的人正在轨道上工作，直到电车快接近他们时，他们才发现电车。但如果他们反应够快，就能够逃离轨道。而旁边的轨道上是1个坐轮椅的瘫痪者，如果电车改变轨道驶向他，他没能力逃脱。你会拉下控制杆，确保死的人更少，还是不会？如果仅仅是2个工人而不是5个呢？人越少，“不要伤害”原则的力量越加显现。

义务论和结果论的缺陷

义务论推理没有考虑未知这一点被广泛认为是其缺陷。有一些未知会给义务论推理造成困扰。一种就是我们刚刚提到过的概率的不确定，在不同情况下，你有多大可能避免做错事，或履行你的责任或义务？

未知带来的另一种问题是，在特定情境下应用哪种道德规则或义务？如果存在互相矛盾的道德规则，哪一种有优先权？这里有一个众所周知的例子，你是一名临床心理学家，在某次治疗期间，你的来访者承认了他殴打自己的妻子，但也表明了使用愤怒管理疗法来杜绝以后暴力行为的决心。此时两种当务之急在道德上相互冲突，一种是用法律抵制家庭暴力的义务，一种是帮助来访者并且尊重客户保密权。你应该向警察举报你的来访者吗？义务论系统因不能系统化地处理这样的冲突而遭受批判。如果要处理，实际上就要诉诸结果论来解决这一冲突。

结果论，也被称为功利主义，也遭受到了诸多批判。首先，结果论忽视了目的或动机。如果结果相同，阴险恶毒的行为就同善良好意的行为一样正当合理。实际上，结果论似乎不在意行为是否违法或是否道德，它只看结果。对于功利主义而言，没有什么是神圣的或是禁忌的。其次，很难明确地阐述“为最多数人谋求最大的幸福”这类短语。什么能构成幸福？它们能被客观仪器测量或者主观自证吗？什么是最多数人？是所有人都被平等地计算在内，还是应该给弱势群体更多的重视？比如，孩子重于成年人之类的。最后，结果论其实也包含着义务论的核心。实现“为最多数人谋求最大的幸福”以及“期望效用最大化”的指令听起来更像是道德规范。

我们能否被说服，认为义务论或结果论其中一者更好？由卡门·坦纳

（Carmen Tanner）和道格拉斯·迈迪安（Douglas Medin）进行的一项调查发现，在作为和不作为之间做出一个决定更趋向于义务论推理，然而在积极和消极结果中选择会引发结果论推理。但他们也在研究，人们本身对义务论或结果论的倾向，是否会影响他们在作为和不作为之间的选择。要了解他们的研究结果，我们先来了解他们实验所设置的情景。

“存活”版本&“死亡”版本

在一个被广泛研究的情景中，我们被要求想象某一疾病有两种疗法 A和B。如果不治疗，就有600条生命将死于这场疾病。在特沃斯基和卡尼曼最早的版本中，分别两次用不同的表述方式来描述两种方案，它们分别是存活描述和死亡描述。

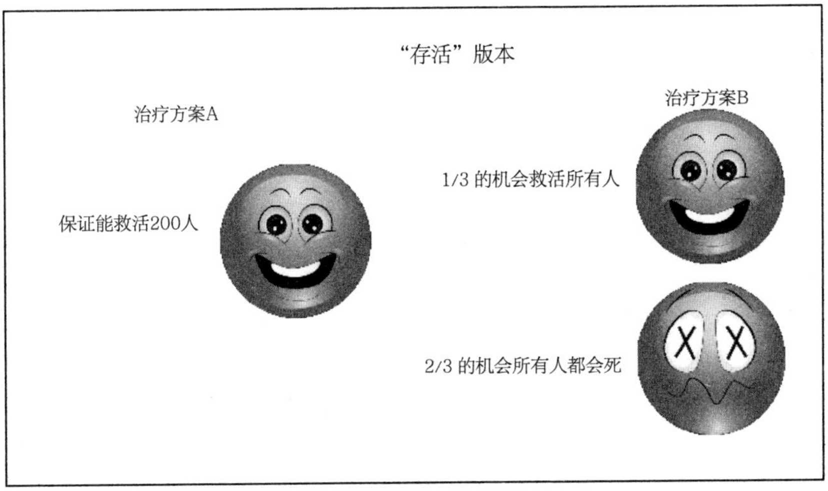

“存活”的版本是这样的，治疗方案A能保证救活200个人，但方案B有1/3的机会救活全部600人，另外2/3的机会是所有人都死亡。

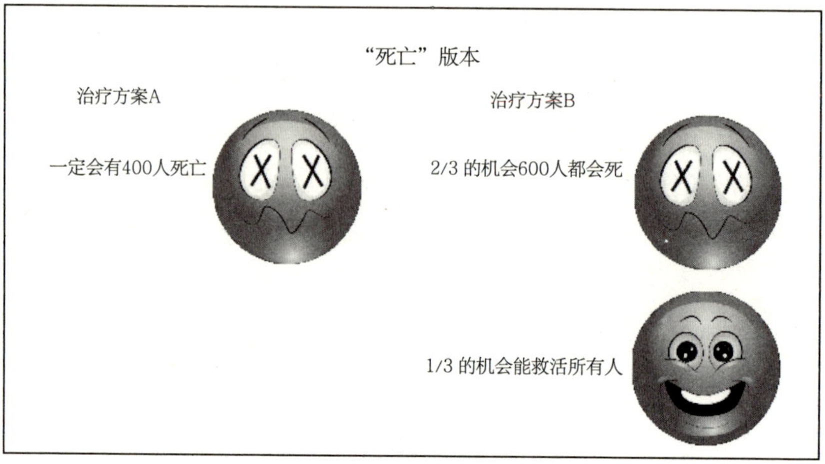

在“死亡”的版本中，方案A一定会让400人死亡，但方案B有2/3的机会造成600人死亡，另外1/3的机会能救活所有人。通常的选择是，大部分人倾向于“存活”版本的方案A，而在“死亡”版本中，多数人选择方案B。

坦纳和迈迪安将这一实验方案调整为，只有一种治疗方法（方案A）和拒绝做任何事（方案B）。他们将其与“存活”和“死亡”的表述交叉综合，设计出了4种可能的情况。前两种情况是“存活”设计。

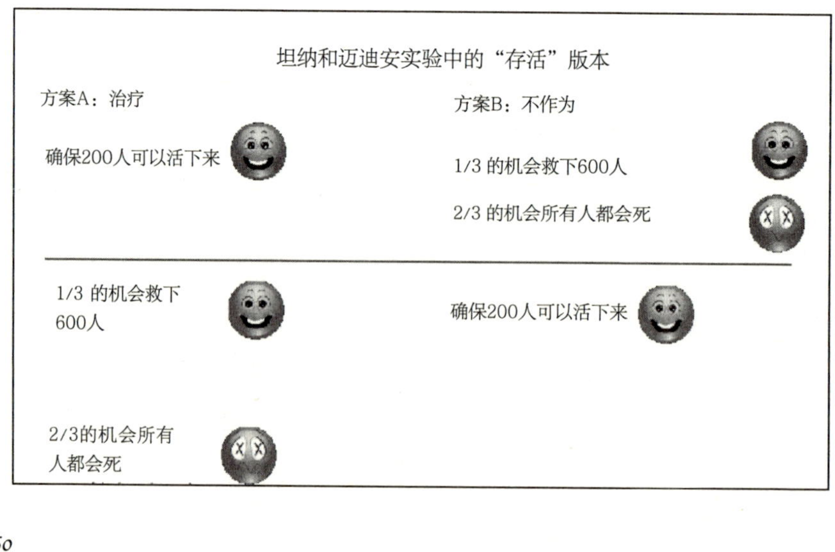

第一种设计是保留方案A，200人确保会活下来，但是如果什么都不做（方案B），有1/3的机会救下600人，2/3的机会造成600人死亡。另一种设计是如果什么都不做，200人能确保存活，但采用方案A则有1/3的机会600人全部存活，2/3的机会没有人存活。

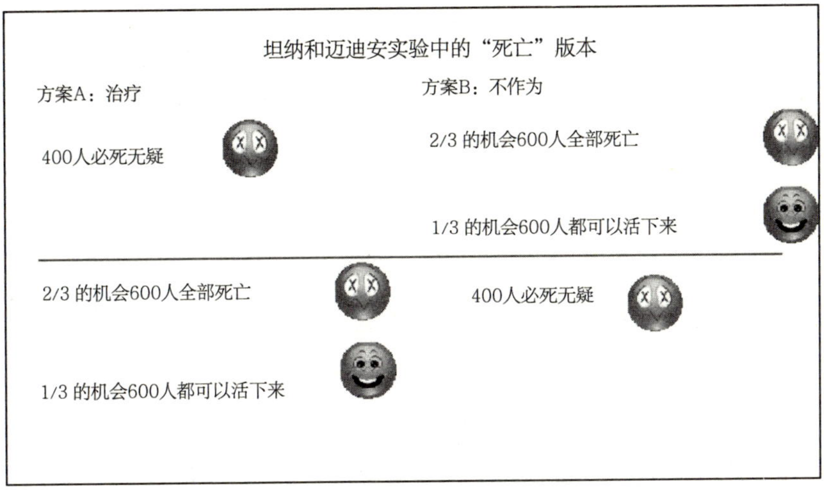

第二组情况则是“死亡”设计。第一种是方案A会让400人必死无疑，但采用什么都不做的方案B则有2/3的机会600人全部死亡，1/3的机会全部人存活。第二种是什么都不做会让400人必死无疑，但方案A则有2/3的机会让600人死亡，1/3的机会全部人存活。

在这类情景中，坦纳和迈迪安发现具有强烈的义务论倾向的人，更愿意有所作为而非不作为，并忽略行为结果是否包含风险以及生命是存活还是死亡，他们也发现预期的设计效果仅在有强烈的结果论立场的人们身上才会发生。可能有人同时具有强烈的结果论和义务论两种立场，而同时具有两种立场的人则会将上述两种影响都表现出来。因此，义务论和结果论推理可能彼此独立进行，而不是互相排斥或对立。

血样检测情境

我的研究显示，义务论和结果论协作进行。我曾在以下情景中做了一项实验，你是某个诊断部门的副主管，负责决定患者的血液样本送往哪里进行病原体检测。有一段时间，你通过抛硬币来决定将每份样本送往两个病理实验室中的哪一个。现在你有从A实验室拿到的10份检测结果，以及从B实验室中得到的10份结果。检测结果可能是阳性（证明血液中存在病原体），或是阴性（证明没有病原体），或是无法证明是否存在病原体。结果A实验室返回的是5份阳性结果，5份阴性结果。B实验室有3份阳性结果，3份阴性结果和4份未能成功检测结果。主管想让你决定从此以后将血液样本送往哪个实验室，你会选择哪个实验室呢？

再进一步，把这个问题更复杂化一点。在一种实验情况中B实验室未能成功检测是因为结果不确定。另一种情况是因为检测结果丢失。

我发现当原因是不确定时，73%的调查对象更倾向于A实验室，但当原因是结果丢失时，这一比例上升到了90%。在第二种情况中，B实验室对未能成功检测的情况是应受责备的。但是在第一种情况中，这不是实验室的过失，这就是一个结果论对确凿结果的偏好被义务论放大的例子，也就是不确定的结果是否归咎于实验室。

我们从思考两种指导决策的方式开始，也就是“好的”和“正确的”。虽然大部分人在做决定时会综合这些原因，但情境形成的方式也会影响我们更侧重哪一点。义务论推理让人着迷，是因为即使所知甚少，我们也能使用。但是它的缺陷之一是没有考虑未知。结果论推理把未知纳入考虑，但是它的主要缺点是需要对结果有充分认知。

更大的不确定性需要我们采取更有力的措施

什么时候不确定性可以使拖延决策正当化

我们的直觉告诉我们，无知会导致推迟决定或者选择不作为，而在更有把握的情况下人们会更加果断，这个直觉有两种常见表现。第一种是我们会延续之前的行为，除非有显著的必要去改变。20世纪70年代，在我们还不清楚氯氟烃是否会破坏臭氧层时，工业领导人和他们的说客论证说，禁止氯氟烃会对经济造成很大损害。因此他们的生产和销售得以延续，直到有更多证据表明氯氟烃确实有危害。当这种趋势强大到即使人们应该改变也仍然拒绝改变时，就称其为“现状偏好”。

第二种表现是直到掌握更多信息前都不采取行动。这里的核心思想就是运用未知将推迟决定合理化。当然什么都不做也可能是一个默认选择，有时候它等同于维持现状。在气候变化的案例中不作为相当于维持现状，即继续向大气中排放二氧化碳。在气候科学界就有人以不确定性为理由，反对以高成本的行动来减少排放。在对迈克·莫里的采访中也已经看到，对于政客来说，在面对不确定的情形时拖延是更受偏爱的策略。

此外当一个决定确实很重要时，我们更倾向于推迟做出决定。我们的直觉告诉我们重要的决定应当比不重要的决定花费更多的时间和精力。一系列的实验表明这种直觉始终存在，即使延迟决定并未提供更多灵活性，而且还有潜在的缺点。延迟决定可能有很多经济上的坏处，且没有任何经济收益。那什么时候因为无知而推迟决定或行动会是个坏主意呢？

有人给出了一个令人信服的例子，在陡峭的岩石表面，一名登山者陷入了两难，向上攀爬或者向下撤退都会面临跌落的风险，我们也不确定哪种选择的风险会更大。随着他在悬崖边的坚持，他的力量也逐渐消退。他唯一不该做的事就是推迟决定向上或是向下。因为他等待时间越长，他就会变得越虚弱，并且他在攀爬时也越可能会坠落。然后，让我们来看一个能够量化拖延后果的事例。

利率对你10000美元的债务的影响

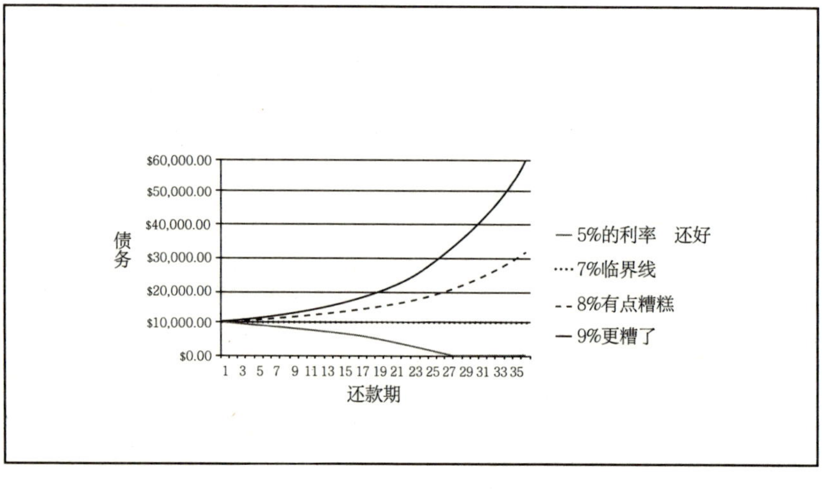

假如你有10000美元的债务，同时对于没有偿还的部分，你当前偿还贷款的利率是5%。你可以在每个还款期偿还700美元，这是负担得起的。因为正如你在图中看到的，你会在28个还款期后最终偿还贷款。如果利率是不固定的，而且你知道银行将在下一个还款期提高利率，而你并不确定利率将提高多少，假设你有可靠的证据证明利率增长不会超过2%。那么你将处于图中临界线的状态下，你的债务没有被偿还，但也不会再增加。再假设你有一份3500美元的储备金可用以提前还清债务。

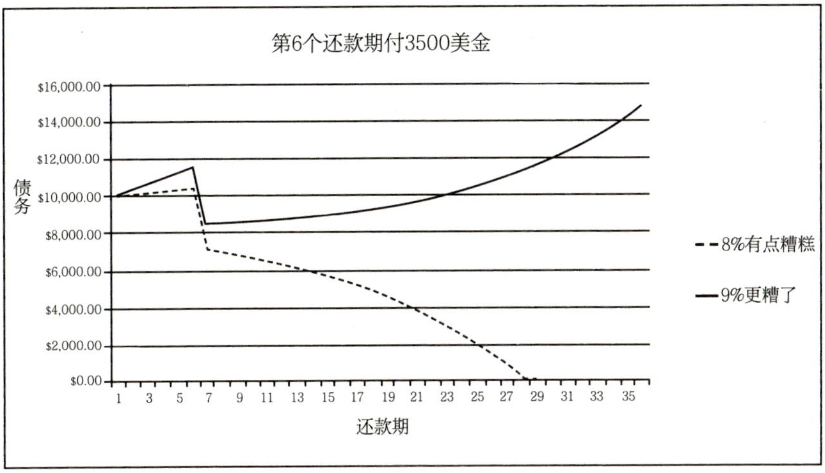

任何时候你都可以用这3500美元将你的债务减少至6500美元，这样你每次还款700美元，16个还款期后就能偿还全部债务。拖延在这里就很重要了，如果你推迟支付3500美元，你将支付更多的钱，但是这并不致命。但现在想象一下你的利率增长比2%更高。正如图中两条曲线证明的，如果利率增长高达3%或4%，你就会有麻烦了。根据你当前700美元的还款额，你的债务将增长并且会加重，此时使用你的储备金变得至关重要。如果你的等待超过第六个还款期，你将无法偿还利息为8%或9%的债务。如果你等到第六个还款期就动用储备金，到新利率为8%时，每次偿还700美元能够最终将其付清，但是涨到9%时就无法付清。

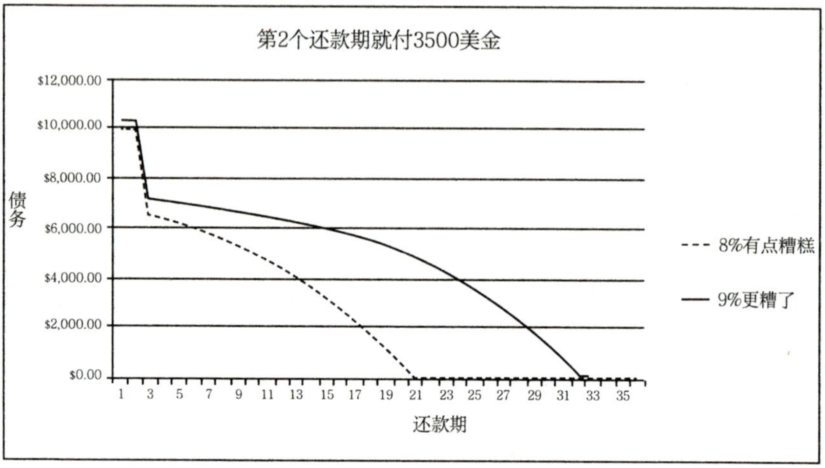

如果新利率涨到9%，你只有在第二个还款期就用储备金，这3500美元才能使你付清债务。这里的关键点是，面对某些具有更大不确定性的情况需要更早行动。拖延会使情况更糟，债务案例中显示出的注意事项在很多情况下都很重要。现在我们从银行业开始，之后再谈谈气候变化。

银行亏损情境

我曾经做过银行业的统计顾问，工作涉及建立模型预测银行年度亏损。银行运用这些模型，来决定他们应保留多少资金来应对亏损。假设对于某个特定业务，银行决定他们希望保留足够的资金来应对。模型显示有超过5%的亏损，事实上绝大多数银行会发现5%的风险太大，但我将用它来举例。在下面图表中我们建立了两个假设场景的模型。

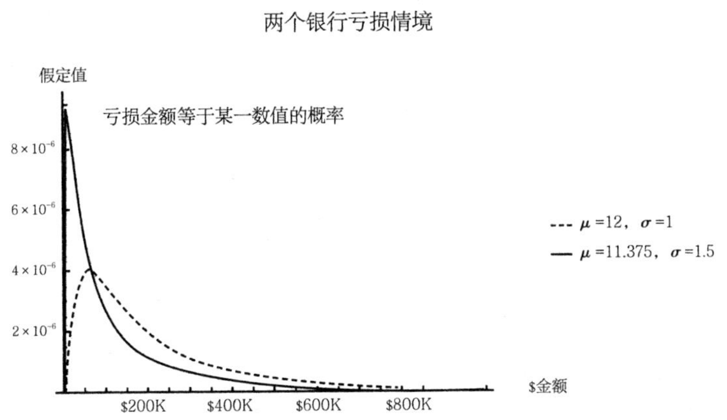

可能看起来不太像，但这两个模型预测了相同的平均损失：268337美元。然而他们对于损失变化的估计有所不同，一个预测了标准差（对变化程度的统计，因此是对不确定性的统计）约为352000美元。而另一个预测为782000美元，因此第二个模型拥有更大的不确定性。更大的不确定性如何影响银行应当保留多少预算资金？我们看另一幅图的横轴，它显示了亏损超过某值的可能性。

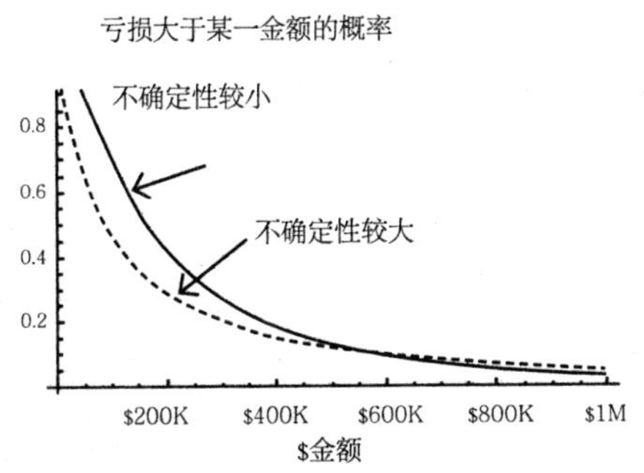

我们可以看到在较低损失值时，不确定性小的模型比起不确定性大的模型损失更可能超过预算资金，但是在较高损失值时情况则恰好相反。对图表的上方进行特写，我们能看到在不确定性小的模型中，5%的纵坐标对应的点是84万美元，在不确定性较大的模型中大约是102万美元，对于银行来说需要预留极大的一笔资金。

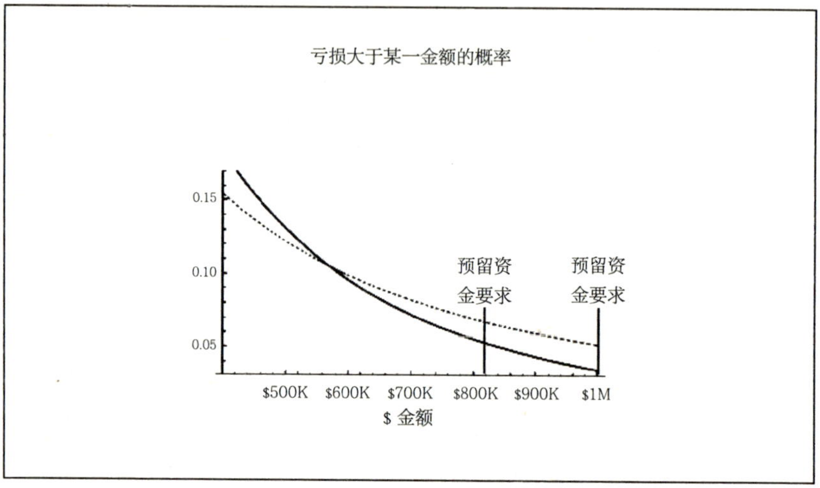

结果反直觉的原因在于一个事实，即银行的损失是倾斜的，有一个长尾的分布。随着方差的增加，尾部在极大损失处延伸得更长，即使平均值保持不变，我们已经看到了一个例子，因为你会记起这两个模型的平均值完全相同，都是268337美元。

全球气候上升5华氏度的概率

2014年，斯蒂芬·莱万多夫斯基、詹姆斯·李斯贝（James Risbey）、本·纽厄尔（Ben Newell）和我，运用我刚刚在银行场景中解释的逻辑来对全球变暖采取行动。我们假设更多关于全球变暖的严重程度的不确定性，并不能证明应当继续维持现状，而是意味着行动紧迫性更大。

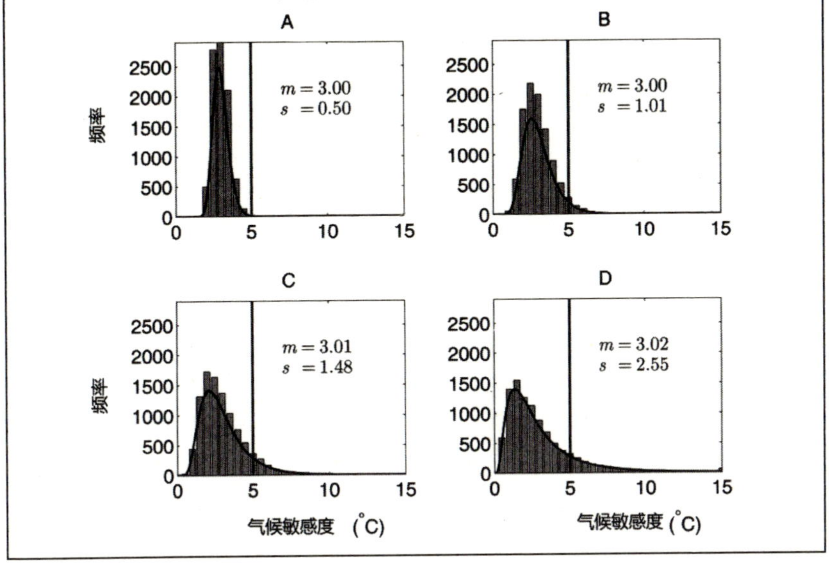

全球气候上升5华氏度的概率（含标准差）

上图显示了关于全球气候变暖的四个说明模型，每一个都预测了在一段特定时期内温度上升5华氏度的可能性。这是一个阈值，如果超过，就将对人类和其他生物都会造成非常严重的后果。与我的银行损失模型相同，这些模型的平均值相同，都是3华氏度，但是它们有不同的标准差。标准差越大，意味着除非我们立即采取措施减少排放，否则我们就更有可能会超过这5华氏度的阈值。对许多人来说这个逻辑难以置信，为了说明这一点，请看墨尔本大学理学院伊恩·安廷（Ian Enting）教授对我们论文的评论，他说："这两篇论文所做的就是添加了一个额外的层级，指出最终结果是不确定性越大平均结果就更糟，因此暗示不确定性越大就越需要采取行动。这部分来自于不确定性的图表，显示了在高点具有更大不确定性的状况。论文的重点是，气候变化的本质就是气候破坏，这比气温上升所带来的变化更快更糟，结果是随着不确定性增大，平均预计损失将会增加。”同时，安廷教授的总结得到了这样一行评价：“看最终结果就是随着不确定性越来越大平均预计损失将会增加，这句话的逻辑在哪里？”

还存在另一个问题。大约在上述工作成果发表后的同一时间，戴维·布德斯库（David Budescu）、波韩慧（Han-Hui Por）、斯蒂芬·布鲁默（Stephen Broomell）和我，发布了一份针对24个国家17种语言的调查报告，关于非专业人员对我们用以描述气候变化中的不确定性的概率性短语的理解。这里有个例子是我们在政府间气候变化专门委员会第四次报告时在论文中使用的句子。用以描述概率的短语是“很有可能”，委员会专家规定“很有可能”意味着90%及以上的可能性。然而当问及人们看到“很有可能”时，他们估计出的最大概率，典型的估计值是大概71%~72%，远低于委员会给出的90%的最小值。当问及他们估计这个短语表示的最小概率时，平均估计值在56%~57%之间。下面是委员会调查的四种表达的情况：“很有可能”“有可能”“不太可能”“非常不可能”。

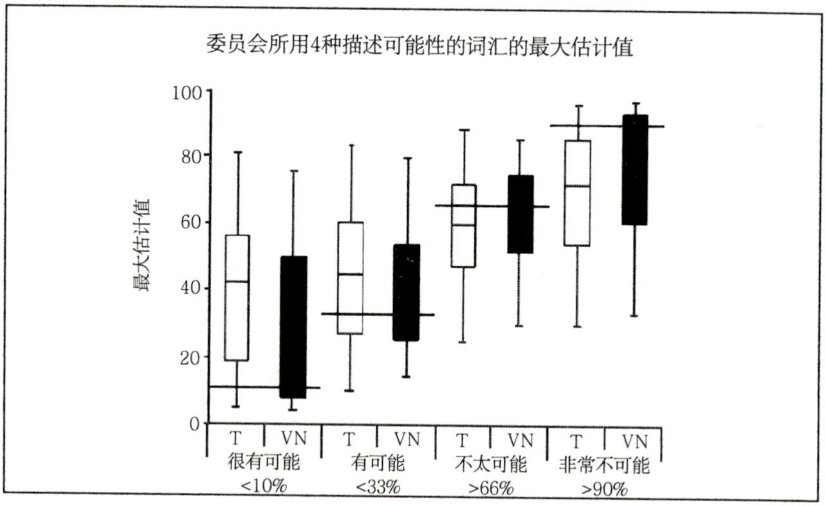

在这幅图中的表格显示出了中间50%的人给出的最大估计值。我们一共采访的总样本数超过1万。委员会参考阈值是黑色的水平线。你会发现对于这四种表达，大多数人估计的数值更接近中值而非委员会的参考值，这些发现在任何语言或文化中都成立。这两组结果通过以下这种方式产生了互连，那就是如果人们相信更大的不确定性证明更少的行动倾向，并且如果他们认为气候科学的不确定性比实际更大，这样在我们要说服公众缓解全球变暖是一个非常急迫的问题时，就会遇到双重问题。

在本节中，我们说明了更大的不确定性需要更早更有力地干预，而非最常见的拖延或不作为。我们看到了这种案例可以出现在债务偿还等个人事务中，银行亏损等企业问题中，甚至气候变化等环境问题中。这些案例与那些三思而后行的案例不同的是，它们都是随着不确定性的增大，预期的负面结果非线性地增加。在债务的情境下是由于随着时间变化利息增长，在银行及气候变化的情境下则是由于相对于变化损失或损害扩大化，这时不确定性就真的不是我们的朋友了。

无知下的好决策：鲁棒性和相对好

现在，让我们思考一下在无知状态下，做出好决策的标准是什么。一些分析家试图从赫伯特·西蒙（Herbert Simon）和查尔斯·林德布洛姆以及他们追随者的见解的基础上着手构建。他们希望解决罗宾·霍格斯和霍华德·昆路德称之为“无知”和罗杰·卡斯帕森（Roger Kasperson）称之为“深度不确定（deep uncertainty）”的决策框架问题，我们将会综合一下他们的努力。

让我们再回顾一下，面临风险时所谓的“理性”决策的标准。看看能否把同样的标准扩展一下，使之适用于无知条件下的决策。先来总结一下这些标准规范：第一，你的决策应该基于你当前的资产情况；第二，你的决策应该建立在所有可能结果会带来的后果之上；第三，你必须按偏好程度对所有的结果排位，并且对每个结果进行概率分配；第四，你的选择要能使你的期望效益最大化。或者简略地说，这些结果要有很大概率带来你所偏好的后果。我们如何让这些标准适用于无知状况呢？

当前资产

首先，从你当前的资产开始讲。你可能不清楚自己总共有多少资产。但你肯定知道你清楚的那部分里，哪些是可以交易的，哪些是可以使用的，而哪些是不可转让的。知道这点对做决定也很有帮助。比如，权利和神圣的东西，是不能拿去做交易的。知道哪些资产一旦花掉或交换出去，就无法收回，这一点也很重要。时间就是无法挽回的资产的一个最好的例子。其他任何不可逆过程都是如此，你不可能还原一支点燃过的火柴。将替代选择自身视为资产，尝试保留好的替代选择，或是创造一个新的选择。如果充分考虑后，发现有的替代选择比其他的选择要糟糕得多，那就赶紧把它们抛在脑后吧。但不要过早地放弃可替代选择，在这一点上你尤其需要小心。

关于保守或公开秘密的选择就是一个例子：一旦你选择了公开秘密，那这个选项就不复存在。同样，你应该优先考虑可逆的、可操控的选项，而不是那些导致不可逆结果的方案。比如，制导导弹（最好是那些发射之后能被摧毁的导弹），就要比非制导导弹更值得选择。一般来说，你要把那些会产生沉没成本，会排斥其他替代方案，以及有高转换和交易成本的选择，放在较低的优先级别。

把你做决定的能力看成是一项个人资产，确保它不会被消耗殆尽，防止做出不明智选择的一个方法就是不要保留太多相似的选项。另一个策略是，先对选择做一个初步筛选，然后在筛选出的结果中更审慎地做选择。在可能的情况下，尽量保证你的决策结果是可观察到的。花一些时间和努力，去监测结果并从中学习，这样你才能学会引导决策。

可能的后果

第二个标准，你的决定应该建立在所有可能会带来的后果之上。一开始，你可能并不知道会有哪些可能的结果。要知道，我们都会受到确认偏误的影响，并且总是会低估新事件发生的可能性。我们如何才能规避这两种偏差呢？为了避免确认偏误，你可以试试反向证据搜索策略，并且询问你看重的人，和那些看法经历与你不同的人的意见。你还可以让个人和团队站到不同的立场上，特别是就他们有分歧的点展开争论。想要避免低估新事件发生的概率，最好是身边有人能从不同的视角，去推测未来有哪些可能性。如果这些人对现状的可取性意见不一，那就再有效不过了。要注意，方法和目的也许是不可分割的。你的决策会对后续的方法和目的同时产生影响。那些为了加强国家安全做出的决定，就会导致监视增加，公民自由受限。这就是方法和目的之间的关联影响。

按照偏好性排序并估算概率

第三个标准，你必须按偏好程度，把所有的结果排位，并且对每个结果进行概率分配。我们都知道，很多现实世界中的决策都是不易实施的。所以，我们必须要在相当大的程度上调整标准，来应对无知。不能预知所有可能的结果，让偏好排名这件事变得几乎不可实现。但即使对于那些已知的结果，我们的偏好也很难长期维持稳定。所以，你要做的第一件事就是，明确你不能接受的结果，然后避免它们。阿波罗13号登月计划出了岔子就是因为氧气罐爆炸，使得服务舱瘫痪，而驾驶舱又依赖于服务舱的运作。当返回地球时，全组人员不得不临时设定了航线修正。而这样面临的风险是，飞入大气层速度太快，可能会焚化宇航员所在的登月舱。全组人员认定，无法返回地球是不可接受的结果。所以他们的决策就围绕着这个底线，即不管设定何种航线，飞船都不能偏离方向，飞向太空。一旦你明确了不能接受的结果，你的最佳选择就是在预期的各种场景中，那些能够被人接受的结果。一些现代的决策支持系统，就是为了帮助人们找到类似稳妥的选择。

来自以色列理工学院的雅各布·本-海姆（Yakov Ben-Haim）教授，开创了一个他称作“信息缺口理论”的框架发展。

信息缺口理论利用数学方法来确定模型和预测能够错得多离谱，并且确保即使在这样的错误下，也不会出现不可接受的后果。无法量化的不确定性，也不会阻止你去评估它的性质和影响。我们已经在一些情形中见过，更大的不确定性会带来更糟糕的结果，而且一般来说，更大的不确定性会恶化那些本可以保证的结果。

期望效益最大化

第四个标准，要使你的期望效益最大化。这个标准的另一种表述可以措辞为优化，在不能计算期望效用或优化选择的情况下，寻求稳妥的结果反而是一个很好的替代选择。另一个可能的选项是，实行一些预警原则，尤其是当你不惜任何代价都要避免某些不可接受的结果时。还有一个考虑是，采用一些所谓的“适应性管理”的方法，这包括当结果出现时能实行监测，并且相应改变策略和方法。

最后，我们还需要再加入一些附加标准，因为无论我们如何拓展上面的四项标准，总有一些情况无法被纳入其中。

首先，不要以为摆脱掉无知和不确定性，就一定是个好想法。在某些情况下，追求确定性是在做无用功，或者付出的努力最终只是徒劳。回想一下，警长在遇到失踪人口案时，或是在一些罕见疾病的预防性检测上呈现的假阳性结果。无知和不确定性会加强某些特定类型的社会资本，比如，隐私和信任。在消除无知和不确定性的同时，你可能也把社会资本剔除掉了，所以要确保你没有连汤带水都倒掉。要记住，减少无知和不确定性，并不总是能引起人们的兴趣。他们需要一些未知来感知自由、做出决定，并且学习、发现和创造，又或者人们需要无知作为推脱过失的理由，或是利用别人的无知来维持自己的权威。

保持备选方案的开放性，并能够修改和指导决策，至少在某种程度上需要保持无知，否则你根本没办法挪动半步，也毫无备选方案可言。我的第二个附加标准是：如果可能的话，将人际关系建立在信任的基础上, 而非合同约束上。无知的范围越广，两个共同处理无知的人之间需要的信任就越深。契约关系会假设并需要预测性的知识，比如，谁会在什么时候，付多少钱给谁。无知条件下的信任关系更具弹性，也更稳健，尤其是当这份无知会消除合同担保所需的知识时。

好，现在来总结一下，我的一个朋友曾经让我用浅显的语言，把在无知条件下做决定的要点浓缩成5条，内容如下：

1.请准备好接受“意外之喜”，它发生的频率可能比你想象的更多；

2.不要太相信自己的预测，相反，请考虑更多可能发生的场景和结果；

3.不要太乐观，挑选稳妥的、可逆的选择；

4.为合意的选择保留一席之地；

5.如果可能的话，确保你决策的结果能被观察和监控。

无知下的好决策：人性维度

在上一节，我们提出了这样一个问题：在无知状态下做出好决策有什么标准吗？上节里提出的一个标准是放弃优化，以找到最具鲁棒性（Robust的音译，也就是健壮和强壮的意思。它是在异常和危险情况下系统生存的关键）且可逆的选项为目标。这一节我们会深入探讨鲁棒性的概念，我们也会讨论“有限理性”以及“相对好”的概念，它们是“优化”的替代物。

决策支持框架

我们之前提到了在“风险”情况下做决策的理论框架。所谓的“风险”指的是我们能知道所有可以选择的选项，每个选项所能导致的结果，每种结果发生的概率，以及每种结果的价值或者效用。在这些条件下基于某种标准，如期望效用，我们能够将决策的质量最大化，也因此能让我们选择的行动最优化。通常一个默认的预设是我们已经精确、没有误差地知道了所有的信息。

在这些正式的理论框架中，我们已有一些规定来处理我们知识里的误差。已有的理论框架包括信息缺口理论、模糊逻辑和广义概率论，都为我们在对概率和效用只有含糊估计的情况下做决策提供了可靠的数理方法。但是如果我们对概率一无所知该怎么办，或者我们无法为可能的结果赋值，再或是我们根本不知道有哪些潜在的选择和后果，在这些情况下做决策的基础是什么？

对于严肃的决策，理论要求决策者具备大量的知识，花费大量的时间进行计算。在很多现实情况下，这些要求至少有一项无法得到满足，甚至没有一项能被满足。我们采访马丁·柯克和克里·维妮时，他们明确表示，即使所暴发的疾病是已被熟知的，这个疾病暴发的很多基本方面仍然可能是未知的。比如，在这个区域里有多少患者。如果暴发的是一种新的疾病，未知的范围会大大增加。艾琳·普朗特（Aileen Plant）教授曾谈到的越南非典型肺炎暴发前期的疫情控制就是个很好的例子。这是她和她的团队需要应对的一系列的未知。

非典型肺炎中的未知
· 不了解临床进程——是否是致命的
· 不了解长期影响
· 不清楚传播方式
· 不了解个体什么时候开始具有传染性
· 不清楚感染什么时候结束
· 不清楚一次感染后是否可获得免疫力
· 没有检测
· 没有明确的临床诊断

开始时他们猜测病原体可能是某种病毒，这个假设是正确的。但是在那个时候他们无法验证这个假设，即使有了这个假设，别的问题比如致死率、病毒传播途径，以及如何诊察疾病依然是未知的。在找出答案之前，普朗特教授的团队，不得不采取行动并回答医疗工作者、病人、公众以及媒体提出的问题。这里是普朗特团队抵达现场后所面对的一些问题。

关于SARS的问题举例
· 防护设备能否保护医护人员？
· 酒店的电梯按钮应当多久清洁一次？
· 银行前台应该多久清洁一次？
· 一位从SARS康复的母亲应该用母乳喂养自己的孩子吗？
· 得过SARS的人什么时候才应该开始性生活？
· 如果一名女性得了SARS，还应该允许她丈夫的餐厅继续供应食物吗？
· SARS病人什么时候出院是安全的？
· 患有SARS的病人从什么时候开始具有传染性？
· 有可能携带SARS但不显示症状吗？
· 没有症状的人，有可能传播SARS吗？

赫伯特·西蒙的有限理性概念

现实生活中的许多决策，都无法在理性决策所要求的条件中达成。这个问题在很早以前就被意识到了，尽管阐述这个问题的角度多种多样。20世纪50年代，经济学家赫伯特·西蒙提出了有限理性的概念，并用来作为期望效用理论的一个替代理论。这个理论考虑到决策者的时间有限、信息有限以及认知能力有限。他提出了“相对好”一词来形容足够好但是不足以被称为最优的决策。这些决策是人们可以达成的。西蒙也应用了“启发法”的概念，启发法是一种经验法则，应用于推理和决策。这个法则不一定是最优的，但是大多数时候都起作用。这些理论已经被许多学者扩充和阐述，包括戈尔德·吉格伦泽提出的“快捷且简朴”启发法，以及加里·克莱因（Gary Klein）的自然决策法。近年来有限理性有很多倡导者，但也有批评者。

无知状态下的有限理性

现在，我们只关注如何在无知状态下将有限理性运用到最好。我和雅各布·本–海姆探究了在无知状态下做决策是否有标准。我们得到了三个方法论上的结论：首先，如果预测非常不可靠，那么通过预测结果来决定选择的优先度的这个方式也同样不可靠；其次，结果的质量一定会随着不确定性的增加而变得更坏；最后，为了达成合意的结果，选择的优先度应该取决于它们在不确定性情况下的鲁棒性。

最具鲁棒性的选择应该能在各种未来可能发生的状况下取得合意的结果。这个叫作鲁棒相对好，被最大化的是对未知和意外结果的鲁棒性，而不是结果的期望值。一个简单的例子是医疗工作者的防护服。当时非典型性肺炎的传播途径还不清楚，可能的途径包括直接接触传染、体液传染或是呼吸道传染，比如，通过咳嗽或打喷嚏。选择只能应对一种传播方式的防护服是不可靠的，所以更好的选择是能同时防范两种传播方式。注意，鲁棒性不是指选择风险最小的选择。例如，双层防护服比单层防护服更能为医疗工作者在医疗期间提供保护，但是更多的加层也让人更难进行医疗服务。并且，如果非典型性肺炎只有一种传染途径或者根本不会传染，那么选择能够防范体液以及呼吸道传染的防护服也不是最优的选择。这个选择只能在一系列未知的传染途径下，提供合意的结果。

制定减缓气候变化的策略

虽然分析和计算在我所描述的决策里看起来没什么作用，但是我们也不要太匆忙地忽略这些工具。十多年以来，兰德公司的罗伯特·兰伯特（Robert Lempert）和他的团队一直在借用计算机的能力来测试可行的减缓气候变化的策略。他们基于现有的气象学知识，模拟了大气状况。首先，他们用计算机生成了数千个气候变化的情景，不同的情景基于不同的假设，这些情景被用于测试不同的气候策略；其次，他们从模拟的结果中分析鲁棒性，区分出在未来可能的情景中能够产生合意结果的策略；再次，他们编辑了一个自适应的策略来应对相应情景中的气候变化，通过这个灵活的策略，他们研究了鲁棒性的潜在改进空间；最后，他们邀请人类决策者来尝试和调整模拟的设定，决策者可以改变情景的预设和被测试的策略本质。

兰伯特团队方法的另一个关键点在于，他们在建模练习中要求被试者猜想可能会击败至今确认的最具鲁棒性的策略的新情景。他们将人类对潜在模式的直觉能力以及创造性思维能力和计算机公平测试对立假设的能力以及加入随机事件的能力相结合。

举证责任和举证标准

在无知状态下做决策的另外两个值得关注的标准是举证责任和举证标准。举证责任是指案件的当事人对自己提出的主张有收集或提供证据的义务。最广为熟知的体系性举证责任是在西方法庭中，被告在被证明有罪前是被默认为无罪的。另一个例子是预防原则，这个原则有很多版本。简单来说，任何会给公众或环境带来风险的政策或行动，举证责任不在于环境或者公众，而是在政策实施方。换句话来说，如果政策会给环境或公众带来风险，这个政策就不应该被实施。

举证标准指的是决策者需要提出多少证据来达到决策阈值以做出决策。你往往需要至少两个专家来改变举证标准，去适应新的决策标准。在西方法制系统中，刑法中的举证标准是排除合理怀疑。而民事案件的标准是优势证据。另外，在医疗领域，疾病的初始筛查往往有着较低的举证标准，而进一步诊查会更严格。

当不确定下的决策涉及多个利益相关方，不同的人可能有着不同的举证标准。一个经典的例子是科学家和政客常常在举证标准上有分歧。政客们往往更有决断性，正如迈克·莫里在访谈中所说的。科学家对于结论的谨慎往往很让人感到挫败。美国前总统哈里·杜鲁门说过："给我一个只有'一只手'的经济学家，所有的经济学家都说，一方面（on the one hand）……而另一方面（on the other）……"但是科学家和政客们在面对不确定性时也许有办法达成共识。雷·波森（Ray Pawson）和他的同事采用了"如果你不能打败他们，那么就加入他们"的策略来解决循证政策的困境。他们的逻辑是这样的，如果用很严格的举证标准，我们通常无法收集足够证据来支持一个政策。正如卡尔·波普尔（Karl Popper）所观察到的，科学结果只能满足暂时的理论观点，很多理论也许不久后就被新发现或者新实验所反驳。所以，让我们对政策也持类似的观点，并承认这些政策只是暂时的，无须当作命中注定。他们在结论中表示，只有当人们明白，循证政策是一个持续的、累积的过程，在这个过程，数据追求的是政策的发展，而不是与之相当时，它才会成熟。这没有问题，只要政客们和选民们所坚持的最后标准是时刻监视结果。很可惜，太多时候，默认的选项是在没有观察后果并也无法吸取教训的规定下，实施了一个新政策。

至此，我们已经考察了基于决策者的能力在无知中做决策的评价标准，但是重大的决策发生在各种社会文化和政治背景中，决策者们有他们各自的心理趋向和局限性。下一节我们会来看看，在无知下做决策需要考虑到的心理和社会维度。

如何在无知的状态下评价一个决策的好坏

此前我们已举出了在无知状态下做出好的决策的几条标准，其中一些涉及了心理因素或是社会因素。例如，做好准备迎接“惊喜”，或是科学顾问与政治家之间相互脱节的举证准则。在这节，我们将更加深入地谈到决策的心理与社会维度，而且会把注意力集中到决策者的适应能力，即修改、颠覆或斧正既有行为的能力，这对于无知状态下决策的鲁棒性起到了关键作用。我们会探寻这种适应能力的本质，以及增强它的方法。

“渐进调适”超越有限理性之处

大概就在赫伯特·西蒙提出有限理性的同一时期，政治经济学家查尔斯·林德布洛姆成为渐进主义的早期支持者，就是他所谓的“渐进调适”，并在四个重要的方面超越了有限理性阵营。

第一，他提出我们也许并没有已知的偏好；第二，他意识到手段和目的也许不可分割，并可能在决策过程中就被重塑。例如，他要求读者衡量某些政府决策背后抽象概念的价值，如自由与安全，速度与准确性，或是低税收与高教育水平等任何不涉及他们对具体政策偏好的选项；第三，他提出了选择渐进修正式的变化，而非剧烈的不可逆变化的标准；第四，他观察到许多决策事实上处在了未必有助于强化决策的制度或社会环境中。以上四点都为无知状态下的决策做出了提示，尽管他未曾呈现出强有力的证据来证实他的理论有效，但他的思想的确有其意义所在。

我们着重来看林德布洛姆的第四点，即许多决策处于制度或社会环境中，事实上它们通常是由群体所制定的，如委员会或协会。无论西蒙和他的追随者如何强调个体决策者，林德布洛姆都指出，发生在制度设置或制度环境中的决策，必将向着强化适应力的方向发展。我们需要理解这是如何实现的，开始之前，先让我们再去看看个体决策者，但这次是从社会人的身份而非科学家的角度。有关社会环境中的决策，大概最突出的问题就是对于某个人所做的决定的问责。

泰特罗克的三条适应性规则

社会心理学家菲利普·泰特罗克（Philip Tetlock），关于这些问题讨论了三个适应性方面的当务之急。

首先，决策者需要承担他们所处的群体，有时甚至包括外部利益相关者对其所做的决策的问责；其次，决策者必须能够运用其社会影响力向其他人问责，以防他们利用甚至是背叛决策者本人；最后，决策者必须保持一定的道德准则，以确保问责规范的实行和其社会影响力的实施手段都是道德的。同时，确保其正当化的地位是由原则或权威机构，而非占主导地位的个人或团体的指令所授予的。

通常情况下问责、社会影响以及正当化地位都是由政策、法律、合同以及可以构成“保证”的相关做法所实现或执行的。我们这里所说的“保证”是指确保某种承诺会被遵守，目标会被实现。然而，在动荡不安、朝不保夕的不确定环境中，保证并不总是可行的。那么另外一种管理问责制，避免剥削以及确保正当性的方式就是构建基于信任而非保证的关系和网络。基于信任的关系一定程度上避免了问责。因为在信任关系中，信任方是不会严密监控被信任方的。与之相似地，双向的信任关系自然带来了相互依存或命运与共，这也就相应减少了用于避免剥削的社会监管措施的需求。罗杰·卡斯帕森等风险学者论证到，当不确定性的威胁不断扩张时，信任对于决策和解决事务都会变得非常重要。

政策辩论中处理科学上的不确定性的三种策略

现在让我们来思考一下个人间的问题转变到群体之间时会如何。当群体间冲突出现时，事态会变得非常复杂，尤其是对基础性议题，不仅在群体间，同时也在群体内出现分歧时。这时，我们会把问题缩小到政策制定者和政治家与科学家之间的相互影响，当科学家扮演政策制定者和政治家的顾问角色时。在2010年发表的一篇论文中，范·德·瑟鲁杰斯（Van der Sluijs）和他的同事们列出了政策辩论中处理科学不确定性的三种策略，并分别讨论了这些策略的优缺点。

第一种策略包括科学家们已经达成的有力的共识，即认为相关的科学不确定性只是暂时的，很容易通过进一步研究解决。这种方式假设，我们所分析的系统最终存在一种正确且可辨识的科学描述，而且好的政策或决策制定将使其成为现实。这一策略有两个主要缺点：一是科学上的不确定性未必是暂时的，而且进一步研究很可能会增大不确定性而非解决它；二是这种策略可能会导致“僵化”，或使难以估量的不确定性被忽视掉。

第二种策略是构建一种科学共识，将不确定因素的来源和性质囊括其中。最近应用这种策略的范例就是政府间气候变化专门委员会。这种策略的优势在于只要对不确定性达成共识，我们就可以承认尚未解决的不确定性，而政策制定者和政治家们也会认同这种科学共识。因为这项共识可以为他们提供一个统一的、权威的声音来证明决策和政策的合理性。而根据范·德·瑟鲁杰斯及其共同作者所说，这一策略有三个方面的弱点：（1）科学共识是植根于旧的共识立场上的，因此必将落后于最新的知识内容。（2）和其他任何群体共识一样，它将淡化甚至忽略科学观点的多样性。（3）它会削弱那些没有达成共识的问题的重要性。

第三条策略被他们称为“审慎”方式。这种策略中，不仅承认不确定性，同时也会承认科学家对最优模型或理论中存在分歧。政治家和政策制定者们会被建议寻求积极且有鲁棒性的决议或政策，这样的政策包容度最高，无论最终哪种科学观点被证明是正确的，都可以运行。而作者同时指出，这种方式的缺点在于可能会忽略那些已经达成共识或获得确定性的领域。然而，作者忽视了最后一种策略的另一项缺点。我曾做过一些实验，研究人们对专家间的分歧作何反应，而其中一项重要发现就是，分歧会削弱专家的可信度。普通民众期望专家们在其专业领域内达成共识，因此分歧的出现就会增加这样一种可能，即某些“专家”根本就不是专家。

决策者的心理特征

现在让我们从社会学层面回归到心理学层面。决策者在增加适应性时必须考虑其心理特征，无知状态下的决策者有两个主要缺点。首先，我们很容易产生确认偏误，即寻求并更偏重于可证实我们已有观点的证据，而非会驳斥我们观点的证据。第二，长久以来，我们都倾向于低估新事件发生的可能性。而这两项缺点，就导致我们常常惊讶于现实，虽然多数情况下本不应如此。而与决策相关的意外常常会改变决策者的信念、偏好或标准，决策者可以通过保持选项的开放性增强自己的适应能力。保持选项的开放性可以帮助你避开两种陷阱：偏好或决策标准的不兼容和优柔寡断。偏好或标准的不兼容会强迫决策者做非此即彼的选择，这会引发真正的困境。同样，它们也会使决策者难以决断。

在之前与斯蒂芬·唐的对话里，我们知道有两种优柔寡断。一种是决策厌恶，另一种则是决策执迷。决策厌恶是避免做出决策的倾向，可能是由决策的成本或难度引发的，也可能是由预想出的遗憾或恐惧等情绪带来的。普朗特教授以她的团队在处理非典时期的经历举例，那时，健康的工作者们开始盲目地寻求并服从于权威，甚至会逃离现场。决策执迷则是一种过度沉溺于反复思考的倾向。我们也将其称为“分析瘫痪”，它可能来自于问责的要求，自我辩解的需要，或所感知的结果的重要性。除去偏好不兼容外，另一项可能诱发两种决策困难的因素是可选项过多，尤其是各个可选项之间很难区分的时候，或者选择者的偏好在这些选项中摇摆不定时。

至此，我们已经研究了在无知状态下是否存在一套好的决策标准。我们发现，风险条件下的理性决策标准是不存在的，因为这需要大量的信息储备。我们研究了相对好和鲁棒性的策略，来应对未来最坏的可能，而非基于最佳预测来寻求最优解。然后我们对问责制可能产生的问题加以研究，并引入信任关系的理念，将其作为无知状况中的决策手段。我们还比较了在政策辩论中，处理科学不确定性的三种策略。最后，思考了面对意外情况时，影响决策者适应能力的关键心理问题。为无知状况下的决策建立标准是件好事，但在许多情境里，我们并非全然蒙着双眼做出决定。那么，在面对这种情况时，是否有一劳永逸的有效应对无知的方法呢?

无知和复杂问题：决策

我们不仅仅对如何帮人们做出更好的决策感兴趣，也同样关心如何做出改变。在许多方面上来说，促成改变或是阻止改变发生，都是与无知共舞的过程，我会更详细地阐释这一点。

我们这里所关注的仍然是这类复杂问题，比如，难民问题或是恐怖主义等。那我们就需要理解变化是复杂的，变化随时随地都在发生。我们生活在一个动态的世界里，变化无处不在。它不会等待我们研究出个结果，不会等待我们先做好任何事再出现。无论我们做什么，变化都会发生。因此如果我们想看到改变，我们就得在某种意义上投身于这场旋涡之中，成为其中的参与者。阻止变化的发生也需要行动，它不是无所作为。由于变化无处不在，如果你想让某件事保持不变，保全某种事物，或者你想让某件事停滞下来，你就必须踏足于其中、参与进去。

但即便如此，惯性也有可能是一项因素，所以有些时候你会看到，事情就卡在那里，难以推动。因此，不同的事物变化的程度是大相径庭的，有些事情飞速变动，而有些则很缓慢。事实上，有些系统建立的初衷就设定了它们顽固的特质，它们被特意建成可预期的、可靠的。因此你想要在这种系统里推动变化，就要考虑到这种特质。还有一件事你要理解，那就是变化未必等于提升。这就关系到我们之前讨论过的价值和价值观冲突，对于一项部分人会额手称庆的变化，往往会冒犯到另一部分人的价值观，他们就会认为这是个坏变化。情人眼里出西施，角度不同看到的结果也就不同。

最后，预测会发生什么样的变化是不可能的。因此当你投身于事态之中并带来改变，或阻止变化时，你并不知道自己是否会成功。因为有太多变动的部分，太多互相关联的事物，牵一发而动全身，你无法预测最终的结果会怎样。这并不是说，如果你想以某种方式切实地参与到推进变化的细节问题中，就没有什么有效的技巧能更好地促进变化或阻止变化了。只要善于就研究结果进行交流沟通、概括和宣传，以引人入胜的方式概括某个问题，理解政策是如何制定的，这样当你想要进行干预的时候，就会知道从哪里着手，并且能够成功干预。理解问题的平衡点、掌握谈判技巧，这些都是非常有用的技巧，对变化感兴趣的人可以培养并磨炼它们，会有助于你推动或遏制改变。

这还是关系到我们从始至终一直在谈的一件事，那就是不存在完美的答案，我们必须更善于权衡。变化不可预测，因此没有什么完美的方式确保某件事发生，或确保它不发生。意料之外总有一席之地，因此我们得成为更好的权衡者。迈克还关注到变化更负面的一面，因此当金钱或权力受到威胁时，人们就会抗拒变化，他们有一整套的策略或是花招，其中之一就是我们之前说到过的——创造无知，或是动摇有力的证据，他们会隐瞒信息，他们会散布谣言、颠倒黑白，他们会试图扼制人们的好奇心，他们审查人们，他们会采用各种压迫的手段。在独裁情况下这非常常见，因此人们的好奇心和自由行动的能力都会受到限制。在我们的社会中，有烟草公司的例子，还有那些抗拒实施减缓气候变化政策的人。

正如迈克指出的，无知是推动改变的正面力量，无知带来好奇、希望和愿景，而这些也是推动改变的关键。

IGNORANCE

08

处理无知的有效策略

关于专家的专家

当我们将无知作为一个公众问题进行研究时，就会出现两个主要的课题。一是我们越来越难在常识上达成共识，也就是那些每个孩子都需要学习的，每个公民都需要具备的知识。我们没办法再轻而易举地假设什么才是大家都该知道的基本知识。二是大家的专业划分都变得更加细化，很难得到一个对所有领域都有所了解的通才。这两种新发展导向了一个重要的结论，那就是我们必须更加依赖于专业人员，也就是专家。我们必须依靠他们，并且信任他们。

鉴别专家的专家

但是当我们看见一位专家的时候，我们要怎么去了解他呢？我们要如何分辨出他是真的还是假的专家呢？如果我们无法分辨，就会纵容江湖骗子，而且现实中招摇撞骗的人不在少数。换句话说，我们能成为鉴别专家的专家吗？理想情况下，我们应该能做到以下几点：第一，了解成为一名专家的主要指标和要求；第二，了解在既定领域内无论专家与否都可达到的专业程度；第三，拥有在合理限度内可以衡量专家的有效标准；第四，区分真正的专家和骗子；第五，至少了解一些专业化领域中专家有的局限性。

让我们从一个可能不讨喜的观点入手，专业知识归根结底可能仅仅只是一些共识，被类似的专家讲述出来。在难以用客观标准衡量的领域，这样的例子不胜枚举，去问问那些在大赛中参赛的艺术家对评委和评判结果的看法。但是也要考虑一些可以客观衡量的领域，而且非专家无法评估。

我们可以用一种粗略但是有效的二分方式将专家划分为两类：由建构来判定的专家和由表现来判定的专家。靠建构来判定的专家强调了实践团体在决定什么是专业知识和评判谁有资格被称为专家上的重要性。而靠表现来判定的专家则强调有可以验证的标准来衡量专家的表现。两种观点都有一定的有效性，在许多领域都两者并存。例如，一个经验丰富的执业医师移居国外会发现他们的资格证书和从业经历在新的国度都得不到认可。

那么，即使有明确的指标衡量专家的存在与否，我们还会被愚弄吗？不幸的是，答案似乎是肯定的。那西瓦·帕德威（Nattavudh Powdthavee）和尤汉斯·E. 瑞安托（Yohanes E. Riyanto）2015年在《经济学与统计学评论》（*The Review of Economics and Statistics*）上发表了一篇文章。文章中显示，即使人们知道硬币投掷的结果是完全随机的，他们仍然愿意为预测下一次的结果而付钱。而在连续几次靠运气猜对的时候，人们会更加愿意为下一次预测付费（尽管那还是完全随机的），作者把这一行为归结为熟手谬误，同时相信小样本就能准确代表整个群体。简单来说，我们会被愚弄，会在完全没用的预测上花钱。

10000小时定律：要成为专家，这就够了吗？

那获得深入专业知识的要求是什么呢？有没有什么标准呢？两种常见的标准是才能和严谨有效的实践。有一项众所周知的定律是“10000小时定律”（10000 hour rule），这一定律可以追溯到20世纪70年代对国际象棋大师的研究，这个定律在其他领域的通用性依然存在争议。

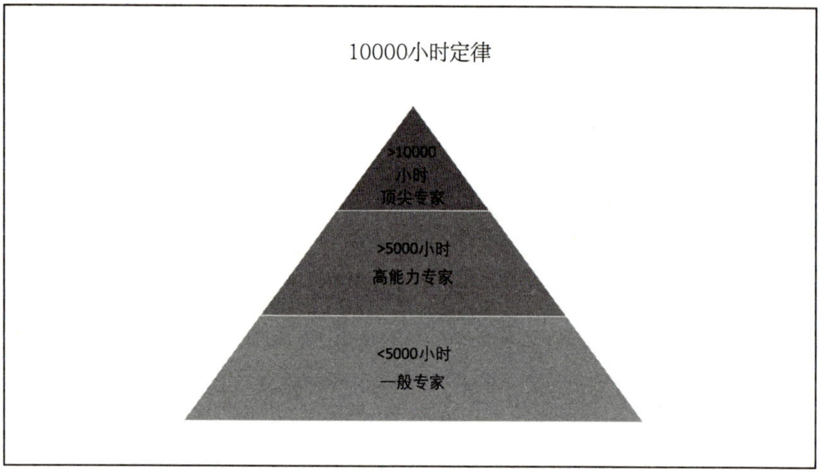

10000小时定律自有其优点而且可能是必要的，但它可能不是保证你在专业中精深的充分条件。至少还有其他三个条件有待满足，在可获得专业知识的领域进行严谨有效的实践，我们来分解一下。

第一，严谨的训练也是必需的。在过去几十年间，我每24小时的周期里都会睡大约8小时，但这并没有让我变成睡眠专家。

第二，严谨但是无效的实践方法使我们无法成为顶尖的专家。早期研究摩斯电码的专家证明了，仅靠严谨的练习并不能达到最佳结果。取而代之的应当是专业的训练方案，得到正确的训练或指导至关重要。

第三，某一领域也许原本就没什么高深之处。在策略游戏中，井字游戏（tic-tac-toe）明显就是一个缺乏深度的例子。西洋棋没那么明显，但也是个例子，而国际象棋和围棋就有着足够的深度。在这些拥有足够深度的领域内，高深的专业知识是难以获得的吗？是的，至少在某些领域是这样的。在一些过于复杂的领域内，专家表现得不一定比新手或者简单算法更好。心理治疗、财政计划和政策都属于这类领域。大量的研究表明，临床心理学家对病人恢复结果的预测比简单的统计模型还要差。有时，专家的决策不比初学者的决策或者一个简单的决策辅助工具更精准。相似的结果也出现在财政预算者和政治专员的情况中。在菲利普·泰特罗克2005年出版的关于专家预测的书中，他发现，在政治或是财政趋势等事件上，所谓的专家的表现并没有比随机预测更好。

某些领域中专家作用的匮乏

那么要如何解释某些情况下专业知识的匮乏？泰特罗克把专家的不良表现归结为两个原因，高度专业化和过于自信。他说，我们以令人惊异的速度逼近了知识的预期回报的边际递减的临界点，而且，预测者本身越知名，就会对自己的预测越自信。泰特罗克说，受欢迎的专家比他远离镁光灯、艰苦谋生的同事更加自负。他也表示需要将认知方式考虑在内，所谓“狐狸”往往能胜过 “刺猬”，这种说法出自于以赛亚·伯林（Isaiah Berlin）的著作。狐狸对很多事情都略知一二，然而刺猬只知道一件大事情，因此，狐狸是通才，刺猬是专才。

最后，专家也会和我们一样陷入相同的认知偏误及局限性。这里的罪魁祸首是确认偏误和低估新事件的可能性。这里有一些可以用于衡量一个人成为专家的潜力的标准。

第一是稳定性。这一领域足够稳定到能够衍生出可泛化的手段吗？在混沌系统中，由于初始条件的敏感性，长期预测是不可能实现的。在人类的历史、政治和文化中，基础进程可能就是完全不稳定的。

第二是稀有性。稀有或新事件难以预测，专家也不太可能比新手或者算法做得更好。

第三是可观察性。预测或决策的结果可以直接或立即被观察到吗？比如，在心理学上，就几乎不可能直接观察到心理状态。而在气候学领域，部分人类干预气候的结果需要花很长时间才能得到证明。

第四是客观或者公平的标准。比如，什么是好，什么是美。甚至是在音乐、舞蹈或者视觉艺术等领域中什么是可接受的，这些领域是否不可避免会出现主观性和文化局限性？

第五是可检验性。是否有清楚的标准来决定一个专家是成功或是失败？或者说有太多的“摇摆空间”而难以辨认？是否能够通过足够的考验排除掉只是撞运气的可能性？

泰特罗克后来在良好判断力项目（The Good Judgment Project）中起到了重要作用。这是一个由美国高级情报研究计划支持的为期四年的项目，项目实行淘汰制，超过2000名预测者参与了这个项目。他们对全球各种各样的事件做预测，方式包括依靠个人直觉和基于群体平均水平的预测。

泰特罗克从中鉴定出一批“超级预言家”，他们的性格特点——而非专业技能——似乎才是使他们在几个世界级的情报工作中表现出众的法宝。虽然这些情报员接触不到情报机构的机密资料。根据泰特罗克的观点，这些超级预言家的特征如下：其一，他们对政治经济世界的运作抱有强烈的好奇心；其二，他们对人类思维的工作方式有着强烈的好奇心；其三，他们有着很高的流体智力（fluid intelligence），以及自我纠正的能力。他们思想开明，也很清楚自己的弱点。因此，相比大多数人，他们更少受到认知及其他心理偏误的影响。

在生活中评估专家

我们暂时先把预测放到一边，先回来看看一般性的专业知识。这里有几项可以用于在生活中衡量专家的指标。

证书：这位专家是否拥有可证明其精通能力的，同时有标准规范的证书？

实践参与：相对于批评者和评论员而言，这位专家是否在自己的领域是个积极的从业者？

过度自信：要求这位专家在他的专业领域中做出一个是或否的预测，并在验证这些预测之前，让他们评估自己正确的次数比例。把这一评估与他们现实中正确的次数百分比作对照，如果这一评价过高，那么这位专家可能就处于过度自信的状态。

证实偏误：我们都有这种倾向，只是一些人表现得更加明显，这位专家能否对与自己观点对立的证据和观点保持适度的开放态度？

刺猬-狐狸测验：泰特罗克发现狐狸类的人更善于校正，并能更好地处理违背自己观念的反证事实。但刺猬类的人有时能以狐狸无法处理的方式表现出惊人的正确性，这个专家是刺猬还是狐狸？

愿意承认错误：人们在出错的时候会非常喜欢运气不好这样的借口，尽管成功时他们可不会这样说（要么是我赢了，要么是运气不好）。你的专家能否平等对待二者，用对等的标准衡量他们自己的成功和失败？

超级预言家特质：你的专家是否对这个世界和思维的运行方式都充满好奇？专家是否有开放的心态，且有自知之明，特别是清醒看待自己的弱点?

成为一名鉴别专家的专家，也是应对我们自己的无知的一种有效手段。在接下来的内容里，我们将探讨应对无知和未知的其他方法，如何改善我们的无知，好主意是从哪儿来的，以及如何提高我们想出好主意的能力。

高风险的风险沟通者

当需要和身处险境的人沟通相关风险时，沟通者要承担怎样的责任？是否存在风险沟通的“最佳方式”，或者至少有可以使沟通效率尽可能最大化的方法？

拉奎拉地震案

让我们把视线转回到2011年5月底，意大利负责评估自然灾害威胁的6名地震学家和1位政府顾问被起诉过失杀人罪，理由就是他们未能对2009年发生的毁灭性地震，也就是拉奎拉地震做出有效预警。而这场地震中有309名遇难者，整个拉奎拉镇在地震中被夷为平地。数千名幸存者在帐篷或是临时住房中生活了几个月，另外一项单独的民事诉讼中的原告，提出了2250万欧元（也就是3160万美元）的损失索赔。

2012年10月，6名被告的地震学家（其中4名是科学家，2名是工程师）以及那位政府顾问被判决有罪，判决理由是他们对地震风险的分析不够深入，并在震前向公众做出了虚假的保证。检方要求被告服刑4年，但马可·比利法官最终判定的是每位被告要服6年刑。在结案陈词中，检察官法比奥·皮库迪强调说，我们并非因为被告没能准确说出地震的具体时间地点或是震级而指控他们，这本来就是现代科技无法达到的。恰恰相反，他们起诉是因为被告在2009年的新闻发布会上，做出了一系列“陈腐且自相矛盾” 的声明，往好了说是“毫无科学意义的”，甚至可以说是“误导性的”。

然而在2014年11月的上诉成功推翻了原有判决，7名原本被判有罪的被告中，只有一位仍然保持有罪判决，就是贝尔纳多·德·贝尔纳迪尼斯，他在2009年曾担任意大利公民保护部副部长，被判决2年监禁，等待进一步上诉。德·贝尔纳迪尼斯是洪水学专家，并非地震学专家，他曾错误地声称，许多小型地震会释放压力，降低更大型地震的风险。他还同意了一位记者的建议，宣称居民们可以放松享受美酒，而不必忧虑于即将发生的地震。

现在已经出现了越来越多的私人或公共机构，为提供适当的风险信息，以及它们的产品、服务及实践收益，而承担法律和道德上的责任。正如拉奎拉地震所展现出的，风险沟通者未能履行其对公众的义务时，代价可能会无比高昂。这一事件同时也体现出对于这些义务的本质，也许存在着实质性的分歧。在拉奎拉一案中，检方认为，专家们应当提醒本地居民大量老旧建筑的脆弱性，建议他们为地震做好准备，并提示地震发生时应该怎么做。

这一指控针对的是专家们在关怀义务上的失职，而许多提供风险评估的科学家对此提出质疑，认为他们并不负有这种责任。其中一项抗辩的内容就是，告诉公众什么该做什么不该做，是公民社会或者政府的问题，而非科学问题。托马斯·乔丹在《新科学家》中发表的文章里写到了这场判决：“我看不出起诉那些在混乱环境中试图保护公众的公务员有什么好处，事后来看，他们没能突出强调风险确实令人遗憾，但整个强风险建议系统的不作为，很难被视为科学家个人的犯罪行为。”正如乔丹所指出的，有必要将科学顾问的角色，和那些必须在保护措施的收益与误报成本间做出权衡的公共决策者加以区别。科学家的专长在于风险评估，而非这种类型的损益分析。

曾经有一段时间，我和昆士兰州气象局合作，处理飓风和强热带风暴警告消息。气象局不仅要负责发布飓风将于何时何地越过昆士兰海岸的预警消息，还要建议飓风沿途的居民，他们需要作何准备和采取怎样的行动。那么对于这些气象学家来说，风险评估和提供公众建议之间就没有区分。无论什么时候风暴登陆，气象局的工作人员都要用心处理预警信息。如果对强度言过其实，人们可能会因恐慌而做出错误的决定。但如果对危险估计不足，人们又可能因为轻视而措手不及。工作人员还要考虑如何回复来自记者的问题，比如，“如果风暴X袭击了Y镇，会有多少人员伤亡”。这些气象局工作人员的艰辛工作凸显了风险沟通者的另一个问题：一方面，科学家们往往没有在沟通或应对媒体方面受过训练；而另一方面，富有技巧的沟通者却并不熟悉风险评估后的相关科学。更何况，风险沟通是一项尤其棘手的任务。

警惕-安抚悖论

心理学家和社会科学家正在就特定于风险沟通的问题加以研究，更进一步的，根据这些专家的研究，其中部分问题的解决方案很难找到。风险沟通者面临的许多严重的问题，可以被归纳为两大类。

第一类被称为“警惕-安抚悖论”，也就是昆士兰州气象局工作人员所经历的困境。该如何对一条预警细心地加以分析，才能使它既不造成恐慌也不会带来虚假的安全错觉？如果它使一部分人恐慌而其他人没有呢？如果公众看待危机的角度与专家不同呢？或者公众干脆对危机几乎未知？还有就是，如何让公众了解与风险相关的不确定性，以及我们对风险的不完全了解？如果不强迫每个人都去上一门统计课，该怎么让普通人能够明白风险概率？如果面对一项危机，连专家们都没能就其本质达成共识时，该怎么说服公众意识到它的严重性？

让我们再多花点时间看看警惕-安抚悖论，以及对这一问题的研究发现。人们对那些难以理解的、身不由己的或是不可见的风险反应最强烈，典型的例子就是那些与核能、纳米技术及气候变化相关的风险。哪怕有专家提供证据和保证，声称某种特定的风险极小或是几乎不可能，人们仍会保有强烈的恐惧。另外，对熟悉的、有意的及可见的风险，人们就会倾向于低估，这一类型的例子包括驾车，处理或使用枪支以及操作动力工具。处理这种问题一个简单显著的办法就是，告诉人们那些看似陌生的风险，其实也与他们有关。

将一项陌生的风险与熟悉的作对比

第二类问题就是将一项陌生的风险与熟悉的作对比，为看待不熟悉的风险提供一个可行角度。然而，风险沟通者的另一项考虑则是不要让风险信息过度，以至超出人们的承受范围。我们已经讨论过人类并不是很擅长和概率打交道。

风险沟通的一个主要问题就是，人们在对小概率做思考时会表现得尤其糟糕。他们倾向于高估小概率风险，尤其是当代价高昂的情况下，人们很难在小概率之间做出有意义的区分。哪怕差异是在数量级级别的，比如百万分之一和万分之一。然而，还是有几种策略可以有效传递关于概率的信息的。首先，用频率或计数代替概率，例如，说100次里有31次，而非0.31。大量研究表明，人们用相对频率的方式处理概率问题时，会处理得更好。其次，对于低概率风险，给人们足够的时间做长期思考。一项经典研究发现，接受过50年风险信息的汽车驾驶员，比只接受过1次风险信息的驾车者，更倾向于获得强有力的保护措施。

专家间的意见分歧也会使公众从他们那里听取风险沟通的意愿降低。包括我本人在内的数位研究者，都发现专家之间的争论会降低他们在公众间的声誉和可信度。不幸的是，尽管期待专家们在缺乏坚实知识基础的领域，哪怕在他们自己的专业领域达成完全一致，都是一种不合理的要求。但现实确实在引导专家们隐藏分歧，只呈现出单一意义的表述。尽管如此，专家们最佳的行动方式似乎仍然是，保持坦诚，充分向公众展示自己领域中的未知和争论。

风险沟通的研究文献浩如烟海，分支众多。心理学、决策科学、社会学、经济学和通信科学等众多领域都对其有所贡献。弊端则在于，这些文献往往同样由于大量的专业术语和技术本质，对非专业人士很不友好。然而，随着风险沟通逐渐呈现出一套自身的理论体系并进入实践。这样的事实也开始渐渐为人所接受，即有效和负责任的风险沟通需要包括公众在内的所有相关方之间的有效工作关系。近来，人们已经开始尝试提炼风险管理的指导，以政府组织发行《风险沟通指南》之类的出版物为主。

我会举这样一份指南中的总结作为本节的收尾，心理学家巴鲁克·费斯科霍夫自20世纪70年代后半期开始研究风险沟通，最终在20年后，他提出了最佳风险沟通实践的7个阶段：

1.确保数字正确，但也要展现出不确定性。

2.告诉关键的公众这些数字意味着什么。

3.解释数字的含义。

4.向公众展示他们曾经受过的类似的风险。

5.解释风险为何收益大于成本。

6.用尊重的态度对待公众。

7.使公众成为风险沟通者的同伴，站在他这一边。

应对无知的六种方式

无知为我们带来了四种主要的适应性挑战，分别是处理不可预知的威胁和难题，从探索和发现的机会中受益，在无法完全了解的世界里尝试得出个好结果以及聪明友善地和别人打交道。没有任何单一的应对无知的方法，能够在所有可能环境下处理全部的四种问题。所以，在这一节中，我们将探索人们管理无知的六种方法，以及它们何时有效，何时无用。

让我先从逐个描述这些方法开始。你们也许和我一样，希望能够观察出自己认为有用和无用的方法，以及背后的原因。

第一种，搁置不管。我们可以把无知先放到一边，不管它。这种搁置不管的做法，最常见的例子也许就是把自己不知道的事情交给别人来解决，比如，交给一位专家。另一种情况是，觉得事情不重要，或是缺乏必需的资源，而决定不对无知做任何处理。

第二种，否认。面对相反的证据时，我们可以拒绝承认无知的存在。我们往往在事后才能看出自己做出了否认。不过鉴定别人相对要容易些，因此，否认在某种程度上和元未知有相同的属性。

第三种，还原。我们可以通过挖掘更多的信息，并且引入控制和约束来还原无知。最明显的例子就是调查研究各种各样的工程，无论是材料领域的，还是社会学的。

第四种，接纳或容忍。我们可以选择在做出决定时，把无知纳入考虑中。很多凭主观意志的冒险决定都是很好的例证。比如，我们当然知道自己的投资组合是存在一定风险的，但仍然认为这些风险值得一冒。

第五种，听天由命。这种情况通常包含宿命论或虚无主义的成分在里面，比如，在任何信仰体系中，人的未知命运都是由超自然的力量来决定的，好比灵魂、上帝。

第六种，创造。我们也许会搜寻、放大或创造无知，就像那些即兴创作的艺术作品。科学进程中诞生的新无知也一样，模棱两可的沟通也是如此。当我们想表现得礼貌得体或委婉的时候，便会使用此种方法。

我们大多数人都有自己偏好的处理方式。实际上，不同的文化对使用何种策略都各有侧重，并会通过社会化塑造人们的偏好。比如，西方文化就强烈地偏向于还原和置之不理两种方法。不过，本节内容的关键点是，根据我们的目的和所面临情况的不同，任何一种应付无知的方式都可能“适应良好”，也可能“水土不服”。

首先说说看起来最糟的办法：否认。什么情况下否认无知比较适用？简单来说，就是局势需要我们做出行动，但承认无知却会导致不作为。有时否认至少是当下可行的办法，这样的例子不难找出。在这种情况下，往往为达目标需要面临风险，因而要否认风险的存在。如果替换选择是因为意识到无知而惊慌失措、无能为力，那就没办法完成目标了。我想到了一个例子，我孩童时期学游泳，第一次游到深水区域，就是因为否认无知。相反，当我们需要在场景中学习和探索时，通常应该直面无知。这种情况下，否认就是个坏主意了。

那置之不理呢？和否认类似，搁置无知在需要采取行动的情况下非常有效，否则你只能束手无策。艾琳·普朗特教授带领团队负责处理越南暴发的一种未知疾病，最后发现是SARS。她的团队必须要在了解清楚之前就快速做出决定，于是他们选择了类似置之不理的应对策略。如她所说：“我们认为SARS病原体非常可能是一种病毒，主要通过呼吸途径传播，于是我们按照这种假设正确的前提开展行动，那就意味着控制感染，病患管理、隔离等一切措施，都是基于‘SARS是一种病毒’的假设而展开的。”

另一种看起来非常糟糕的回应是放弃，听天由命，不管不顾，让无知来驱动决策。然而，在某些神学传统里，放弃是信仰的重要组成部分，而且任何的选择均是亵渎神明或危险的。在更加日常的层面上，放弃通常是探索过程的一部分。发现者会说：“嘿，来试试会发生什么。”而且，与信仰有关，信托关系包括一定程度的放弃，受托人把自己的命运交给受信者。在大多数的艺术领域，对无知放手作罢也有着丰厚的历史传统，而它正是作为创造和创新的一个手段存在。我们对艺术历史学家萨沙·格里森的采访中可以看到，视觉艺术家允许未知的环境或机遇作用于他们的作品。与此类似，音乐家和作曲家的作品中，也有很多随机整合的元素。

现在，让我们看看现代西方文化偏好的应对策略——还原。还原或消除无知当然有很多用途，特别是当我们需要学习和探索，以及人们有义务做出决定的时候。一种常见的对科学的刻板印象是，一切都是为了还原无知。这样来看，如果有足够的资源和时间，那么还原无知看起来就是相较其他选项的最佳选择了。当然，这种方式的缺点之一在于，研究过程中不可避免会产生新的无知，并且时间和资源并没有那么充分，有一些无知是不可还原的。获取知识并不是消除无知的唯一方式，专制和压迫可以消除自由行动，因而也是减少无知的方式。更温和的例子可以在依靠法律和官僚系统支撑的政策和立法机构里体现。事实上，所有的社会学工程都涉及减少无知，比如，由卫生局举办的安全性爱活动，或者商家做的影响消费习惯的促销活动。这样来看，减少无知的功效是非常具争议性的。它引发了其他的问题，何人在何时是它的目标对象。这也让人想到，减少人们自由的这种方式可能会受到抵制。如此一来，无知不但没有被消除，反而增加了。

接纳或容忍可以成为适用选项，尤其在还原法不可用、难以承担责任或不合政策的情况下，在对未来的未知事件做稳健决定时，容忍无知是非常关键的。因此，对无知的容忍越来越多地出现在大众风险管理的框架中。而接纳无知的背后，最显著的潜在困难来源于由此引发的不公平、侵犯权利或风险暴露所带来的对基本价值的威胁，可能会限制容纳无知这种方式的接受度。

最后，创造无知在什么情况下是适用的呢？人们总在这样做，正如我们在本书的前半部分所看到的那样，为了文明、礼貌和其他社会目标，相当一部分的社交活动都掺杂了表意模糊、间接迂回甚至是谎言。想成为社交达人，在社交过程中创造出适度的无知是非常重要的。

探讨应对无知的方式中，我忽略了通常在还原和容忍法中一个非常重要的策略，但就其本身而言是值得关注的，即我们可以尝试着去改善、提升无知，诸如斯图尔特·法尔斯坦等科学家坚信改善、提升无知是科学研究的核心，也是主要的动机之一。研究人员不仅要找到答案，还要找到全新的、更好的答案。在下一节中，我们将会仔细观察改善无知的做法和意义。

改善我们的无知

“改善” 无知是什么意思呢？怎么会有一些无知比其他的“更好”呢？神经学家斯图尔特·法尔斯坦说，科学的任务就是创造无知，我们中的大多数人对“创造无知”的惯性思维恐怕都是用知识将其取而代之，那么法尔斯坦指的又是什么呢？我们可以从其他科学家如何看待无知中获得线索。

是错的总比连错误都算不上要好

高产的科学作家艾萨克·阿西莫夫（Isaac Asimov），曾在1988年出版过一本文集，叫作《错误的相对性》，阿西莫夫讨论了当时一种非常流行的理念，即科学知识是完全由社会构建的，因此任何理论间都没有优劣差异。在其中一篇文章里，阿西莫夫说道：“当人们认为地球是平的的时候，他们是错的。当人们认为地球是球形的时候，他们也是错的。但如果你认为把地球视作球体和把地球视为平面是程度相同的错误，那你就比那两个加在一起错得还厉害。”

将地球形状看作一个标准球体的模型，比平面模型要接近现实得多。因此，某些无知确实优于另外一些，因为前者没有后者错得那么离谱。科学理论构建和验证的一项原则就是，随着新的证据不断积累，理论将被证实或否决。为了解释新出现的证据，我们要提出新的理论，那么最新的理论必将会比它的“前辈”更加坚实，哪怕它们自己也并不是正确的。

在某些领域，可证实或可证伪的假说被视为优于无法证实或证伪的那些。因此，如果能够否定一项假说，那么比起不能，我们就处于更好的无知境遇中。物理学家鲁道夫·佩尔斯（Rudolf Peierls）回顾他的同事沃尔夫冈·泡利（Wolfgang Pauli）曾经评论另一位物理学家的论文“连错误都不算”，它指的是某些想法或论断不可证伪或不可验证为真，因此我们甚至没办法判定它们是否是错误的。

哥伦比亚大学的数学家彼得·怀特（Peter Woit）曾著书批判弦论，书名就叫作《甚至不是错误》，其中就提出弦论基于无法验证的假说并偏重于数学的美学判断，它是无法证伪的，因此“连错误都算不上”。更广泛地说，人们经常（但不总是）偏好可还原的无知，而非不可还原的。

特异性的无知

科学工作中有一个方面和法尔斯坦的格言相吻合，那就是将无知从非特异性的迁移至特异性的。什么时候无知才是“特异性的”？社会学家罗伯特·莫顿广泛研究了科学家如何工作，并观察到科学工作者们偏爱“特异的”无知。意思就是，“能够明确辨识何者是我们需要了解但尚未知晓的，为进一步的知识积累奠基”。对于莫顿来说，有两种特异性的无知：“对某一研究领域的知识增长和理解的加深，会带来可特异化的无知的增长：对于有什么内容仍然无知的全新认识，以及对其为何值得了解的理由的新见解。”

特异性的无知引向发现

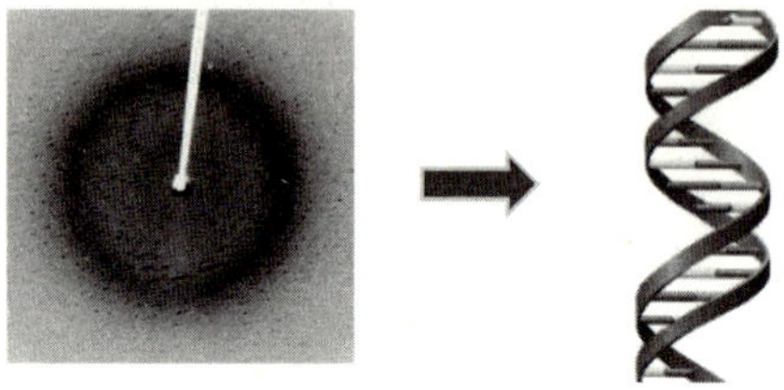

X射线衍射技术　　DNA结构被揭示

X射线衍射技术和它背后的数学理论，使研究者可以确定复杂分子的结构，而这在从前是不可实现的。某一特定结构的备选模型可以通过X射线散射图案加以验证，诺贝尔化学奖得主多萝西·克劳福特·霍奇金，就成功破解了胆固醇、青霉素、维生素B12和胰岛素的结构。这一理论和技术的结合使所有这些结构都变得已知且值得探究。

有两种特异性方面的无知。第一，考虑到我们所未知的现实的可能状态总有或多或少的限制。假设我们想知道我们的朋友，比如，简现在在哪里。如果我们知道简要么在工作的地方要么在家，这就比我们只知道她有可能在工作，有可能在家，也有可能在逛街更精确了一点。而后者又比我们知道她要么工作，要么在家，要么在什么我们根本不了解的地方更精确。第二，特异性存在于对我们利用无知做些什么或应该做什么的认知中，同时第一种特异性往往决定了第二种。我们已经知道有些种类的无知被视为可还原的，而另一些则是不可还原的。如果一项未知可以被消除，那么知道该如何去做就会使它更特异。举例来说，也许我们可以知道简要么在工作要么在家，但如果我们不知道她工作的地点和家的位置，那我们就不会知道该从哪里找起。

有些错误更糟

我们也可以就犯某个错误是否比犯另一个更糟做出判断。比如，是给一个健康的人做出患病的误诊更糟糕（也就是假阳性结果），还是没能检查出一个患者更糟（也就是假阴性结果）。通常在这两者之间，假阴性被视为更糟糕的结果，所以如果一项医学检验的误差是更容易出现假阳性，我们会认为它比容易出现假阴性更好。法律刑事审判则和它正相反，在这种情况下，我们认为将无辜公民定罪，比释放了一个罪犯更加严重。因此，在司法过程中，对控方的证明标准要求比对辩方更高。

	被告有罪	被告无罪
有罪判决	正确判决	将无辜者定罪
无罪释放	让有罪者逃脱	正确判决

至此，我们看到的例子里，判断哪一种无知更好都相对简单。但在某些情况下，选择并非如此明确的非黑即白，无论相信与否，其中一个例子就是统计推断的核心，接下来的部分可能会有一点专业化。假设你正基于相关人群中的随机样本估算某个数值，这个数值可能是平均数，可能是相关性或者随便什么。一种估算方法（叫作最小二乘法）是无偏估计，在这种方法中更容易使误差最小化。另一种估算方法叫最大似然法，也就是会估算使现有观察数据可能性最大的参数值。毫无疑问，对于任何估算来说，无偏性和可能性最大化都是优点。问题在于，最小二乘法有时无法将可能性最大化，而最大似然法则并不能总是保证无偏性。如果我们必须在两者间做出选择，往往无法明确究竟犯哪种错误比较糟糕，是有偏差的估算呢，还是可能性概率没有达到最大值的呢？

值得一提的是，无知的质量也可以通过与科学研究、医学诊断或法庭判决的目的毫不相关的标准进行判断。那些使人们逃避责难，保持天真，维护隐私或是履行其他心理或社会功能的无知，也许可以通过它们对自己功能的实现程度而加以评判。同时，取决于某人的无知如何影响人们，这种评价也会发生变化。我们已经研究过了这些功能的大量例证。我们看到，无知的质量可以用数条标准衡量，这又反过来促进了我们在一或多方面提升我们的无知的前景。让我们总结一下本节中所研究到的改善：一项比较准确的错误理论就要比不准确的更好；错得没那么离谱比错得很离谱要好；可证实也可证伪的假说比无法证伪的要好；错误比“连错误都算不上”更好；在某一方面犯错也许比在另一个方面犯错要好；特异性的无知比非特异性的更好；在不同类型的错误之间可能要做出权衡。例如，不能做到无偏性的估算和概率没有达到最大化的估算；能够履行心理或社会功能的无知比不能的更受欢迎。

我们已经遍览了无知的许多方面：它的本质，它是如何构建的，以及它的应用，但仍然还有无数内容等待着我们去探索，之前我们已经了解过的处理无知的一项重要方式，就是发现新事物或开发新思路，关于这一主题，我们接着去了解。

好主意都是从哪来的（一）

当我们面对不知道该怎么做的情况或者无法解决的问题时，我们会希望能灵光一现，想出有效举措或是解决方案的好点子。尽管这些点子要以长期的准备和努力作为铺垫，但它们出现时经常像是从天而降。有没有可能找到某种策略、某种思考方式、某种教育模式，甚至是某种环境，可以培养出最优的观点和想法？

培养找到好主意的方法

关于这个问题，已经有多种视角的无数论著。在这节中，我将从相距20年的两本书中借鉴一些观点，这两本书的作者背景经历相去甚远。一本书名为《发现》（*Discovering*），出版于1989年，作者是免疫学家罗伯特·鲁特-伯恩斯坦（Robert Root-Bernstein），在科学领域的创造性方面有着丰富的著作。另一本书名为《好点子从哪来》（*Where Good Ideas Come From*），出版于2010年，作者是斯蒂芬·约翰逊（Stephen

Johnson），他是畅销作家，也是极具影响力网站的创始人。

这两本书中的观点在某种程度上相互对立，但它们也共享了一些重要的主题。《好点子从哪来》没有引用或提及《发现》一书，《发现》仅仅着重于科学中的创造性和发现，《好点子从哪来》则贯穿科学和技术。《发现》主要在个体层面进行了更多的详述，而《好点子从哪来》则更着重于网络和环境，尽管两本书都没有忽略这些主题。它们也有重叠的部分，比如，在讨论产生新想法的思考方式时，它们从不同角度探讨了同一个主题，这些差异会丰富我们的理解。

让我们从个体的思考者开始，再由此发散开来。如果路易斯·巴斯德（Louis Pasteur）的主张是正确的，也就是机会更倾向于有所准备的头脑，那么什么样的准备会更加有效呢？

《发现》指出，巴斯德设置的情景是，当一个预料之外的发现出现的时候。因此他似乎是在说，如果你碰巧看见了一个新事物，只有你能够理解所看到的东西，它才会成为一项新发现。然而，这个观点本身和围绕它展开的民间科学都存在一个问题，那就是它会陷入自相矛盾之中。

对于未来的发现者，他提供的最明显的建议，就是需要在个人专业领域取得精湛的专业知识，就是常常被说到的需要10000小时的严谨实践或实验，这似乎确实是巴斯德的想法，而且他的好几项发现也得益于此。他反复提及要勤勉地积累相关事实、可能的理论和假说，并由此可以通过描绘出一个广阔的知识理论图景，从而在意料之外的新发现到来时获得洞察力。

然而，第二种建议却是对大脑来说最好的准备工作，在你工作领域之外的一种或多种领域也积累一定的相关知识。它至少可以通过两种方法实现，一种是保有对你专业领域之外的知识的兴趣，或者也可以是从你专业领域之外的一个问题着手。

扩展适应

约翰内斯·古登堡（Johannes Gutenberg）通过结合现有的压榨葡萄的螺旋压力机技术，以及活字印刷术的冶金技术，发明出了印刷机。物理学家路易斯·阿尔瓦雷茨（Luis Alvarez）在地质学方面的贡献最为人所铭记，也就是他的陨星撞击的大灭绝理论。雅各布斯·亨里克斯·范托夫（Jacobus Henricus van't Hoff）可以在有机化学、热力学、地质学以及海洋学中做出贡献，因为他曾经教过这些科目，也做过大量的研究。

这种从某一领域借鉴并适用于另一领域的做法，模拟的是一种适应性过程。进化生物学家斯蒂芬·杰·古尔德（Stephen Jay Gould）和伊丽莎白·瑞巴（Elizabeth Vrba）为其创造了一个术语，叫作“扩展适应”（exaptation）。

扩展适应出现在当某一特性已经达到某一功能最优化却被迫要完成另一目标的时候。举个例子，在我的一篇论文中，我从财政统计中借鉴了一个统计模型，它本来是用于为财政体系（比如银行的累计支出和亏损）建模，而我将其调整以用于心理学上对刺激的累积注意力进行建模。

举一个更久远的例子，产科医师斯蒂芬·塔尼尔（Stephane Tarnier）在动物园里看到给新生小鸡用的保温箱后受到启发，在19世纪70年代晚期发明了对人类早产儿的保温箱。从那时起，这一简单的扩展适应拯救了无数生命。

他们自己的见解或直觉是什么呢？我们如何能让这种发现更多地出现？《发现》提供了四个答案，前三个建议是针对如何才能引发可以带来新发现的新奇事物。

如何更加富有洞察力

第一，凯特琳原则（Kettering Principle），积极的好奇心和游戏可以引发新颖事物。亚历山大·弗莱明（Alexander Fleming）对溶菌酶和青霉素的发现就是一个完美的例子，他实际上是在“玩弄”微生物，而这两个发现都是在他的游戏中无意发生的。

第二，“迪斯雷利原则（Disraeli Principle）”，新奇行为和经历会引发新事物。康拉德·洛伦兹（Konrad Lorenz）是著名的动物行为学家，他饲养了许多鸟、鱼、哺乳动物和爬行动物当宠物，就是为了更近距离地了解它们，持续地观察它们的行为。他常常给自己小型动物园中的动物做野外实验，而正是这些即兴实验中的发现为他带来了诺贝尔奖。

第三，“巴斯德原则（Pasteur Principle）”，用平常的甚至是过时的观察方式来看待新奇事件。1889年，奥斯卡·闵可夫斯基（Oscar Minkowski）切除了一只狗的胰腺，来研究胰腺在脂肪消化中的作用。接着，这只狗在实验室的地板上小便，尿液引来的苍蝇被他的一位实验助手注意到了，助手告诉了闵可夫斯基，而他也被吸引了注意力。他分析尿液发现里面含有糖分，这反过来引出了一个观点：胰腺分泌的胰岛素可以调节糖类代谢，闵可夫斯基和他的实验助手偶然发现了糖尿病的基本理论。

敢于犯错

建议的第四部分与前三个多少有些关联，但是处在不同的维度上，那就是敢于犯错。莱纳斯·鲍林（Linus Pauling）著名的言论就是，科学发现的关键在于尝试和出错，“大胆去想，然后扔掉其中糟糕的想法”。

但是我们大部分人都强烈反对犯错，在科研领域写一份基金申请书，主要就是在论证你有能力完成你的实验预期结果，并且你绝对不会犯错。再回到路易斯·巴斯德，他在错误的方向上做了一系列实验，因为他相信在事物背后有着一种“不对称力量”，就像偏振光电流（正电荷和负电荷）以及磁场（北极和南极）。在这些已经失败的实验中，他发现只有在右手征结构的酒石酸中才会出现发酵，左手征结构的酒石酸则不行，这就是不对称的发酵。

要敢于多想的另一个原因在于，在各个观点互相冲突矛盾之处，正是你可以设计实验或检测使它们相互竞争之处。如果一项实验仅仅被设计用于检验（或更糟，是为了验证）单独某项假说，那么无论结果如何，你都必将陷入以下两种失败之一：如果证实了假说，你就无法发现或学习到任何东西，因为假说已经预料到了这一实验结果；而如果实验不能验证假说，那你就卡在那里了。不是因为实验结果在预料之外，而是因为你没做任何准备来解释这一结果。然而，当实验是用于检验多种互相冲突的假说时，那么无论实验结果是什么，它都是有益的，你总会从中学到点什么。

用正确的方式犯错

敢于思考，能提出很多观点是一回事，但我们是否有方法可以增加它们正确或者成功的可能性呢？说来也怪，《发现》和《好点子从哪来》两本书都指出了，在最终被证实是正确的直觉中，错误和粗疏扮演了怎样的必要角色。关键点就在于，如果你的每一步行为都是被精心计划和掌控的，那么你只能看到预期中的结果，不会有任何新鲜东西出现。生物学家马克斯·德尔布吕克（Max Delbruck）建议学生可以草率，给预期外的事物以发生空间，但是不能草率到你都认不出发生了什么。当然，在“足够”和“太多”错误之间有一条分界线。天文学家阿尔诺·彭齐亚斯（Arno Penzias）和罗伯特·威尔逊（Robert Wilson）在超过一年的时间里，认为他们的射电望远镜存在“噪音”是由于设备原因，直到与一位核物理学家的谈话提醒了他们。他们由此获得诺贝尔奖：这个“噪音”实际是宇宙微波背景辐射，它的存在为宇宙大爆炸理论提供了有利证据。

《好点子从哪来》还补充了一个论点，即如何让预感更有可能实现。经过一段时间培养的预感比那些突然灵光一现的观点更有可能开花结果。这一论点的支持理由是，比起“灵光一现”，“慢速预感”有更大可能被调整，得到其他预感和信息的补充，以及更完全地被检验。慢速预感的一个经典例子是蒂姆·伯纳斯·李（Tim Berners-Lee）发明了互联网，这一历程耗费了他超过10年的时间。从通过一种新型的数据库对一个瑞士研究网站上的人员和项目尝试保持追踪开始，加之多方面的发展和苦心经营，伯纳斯·李发展出基于连接储存在不同计算机上的文件方法的超文本语言。

放弃的艺术

数学家庞加莱（Poincare）曾徒劳地挣扎了15天，去证明数学函数的确定层级是不存在的。然而，一个晚上，他打破了日常的作息，因喝了一杯黑咖啡而难以入眠。当他登上一辆公交车，到海边散步时，全新的突破不期而至。能够意识到自己何时陷入了困境，并且了解什么时候及如何（暂时但切实地）放弃，都是提高你找到解决方法和发现可能性的技巧。

这些带来新发现和想出好主意的方法都有一些共同点，它们都专注在思考者以及他们的思考过程本身上，只有极少数线索表明发现和好主意的来源同样重要。思考者的同行或者人际网络和思考者身处其中的智育文化都很重要。

最明显的现象就是，许多发现都是几乎同时被多位发现者提出。例如，生物学中的自然选择理论，就有查理・达尔文（Charles Darwin）、阿尔弗雷德・拉塞尔・华莱士（Alfred Russell Wallace）及其他人等。微积分学，则有牛顿（Newton）和莱布尼兹（Leibniz）。

一个简单的思考实验就足够显示文化有多么重要，想象一下莫扎特出生在没有固定音高的乐器的社会，或者蒂姆・伯纳斯・李提早出生20年。所以在下一节，我们将把关注点从个体身上转向他们的人脉网络、社会和文化上。

好主意都是从哪来的（二）

现在我们将从上一节提到的那两本书里把观点提炼出来，运用到人脉网、社会和经济因素上，以及能够培育创新和探索力的智育文化。有几个线索都表明了这几种社会因素的重要性，不仅是产生新的想法并且使得人们意识到并发展这些想法。最大的线索或许不是最显眼的，尽管某条科学定律有一些“第一”发现者的大众传奇故事，或是有一些新艺术形式的创造者传说，但很多的发明创新其实都是由几个人或一个团队同时做出来的。

许多发现不是独一无二的

社会学家罗伯特·莫顿发现大多数的社会发明，在多重意义上几乎都是几个人在同一时间记录下了同样的想法，尽管通常最后发明者的称号只会冠名在一个人身上。

在《发现》这本书里提到，几位研究者在几年内相继提出了热力学第一定律；至少有3家实验室在几个月的时间内，分别独立地相继从大脑中分离出肽激素。

《好点子从哪来》引证了威廉·奥格伯恩（William Ogburn）和多罗西·托马斯（Dorothy Thomas）在20世纪20年代做的一个研究，他俩累计同时发现了148项创新，他们的研究几乎就像是一份“历史上的伟大发现清单”。因此，包括他们本人在内的许多人都猜测，这些发现本来就都是高概率性的事件。如果约瑟夫·普利斯特里没有在1772年分离出氧气，卡尔·舍勒在1774年也会分离出来。如果爱因斯坦在20世纪前20年里，没有论证出狭义和广义相对论，那么庞加莱、赫尔曼·闵可夫斯基或其他什么人也会推论出来。

那么，是什么使这些发明能够在多个地方同时发生？所有的这些案例中都出现了两个因素：首先在该地区有一个由专家组成的人脉网，可以就相关看法进行探讨，彼此互相争论，但又不会进行人身攻击；其次，在摸索想法的过程中，必须要有各类的技术和实践资源可供使用。

正如《好点子从哪来》所指出的那样，普利斯特里和舍勒需要意识到空气是值得研究的，而且更重要的是，要明白它可以由不同的气体组成，这两个观点在当时都是全新的。从更实际的角度说，他们还需要天平来测量氧化导致的微小变化。想想11世纪经院学者进退两难的处境，他们争论冷热是否是分离的，还是具有相同的属性？在没有可用性甚至原油温度计可以检测的情况下，是否有理论可以区分热度和温度？我有时会提醒我的学生，在心理学的很多领域里，我们并没有比11世纪的那些学者领先多少，我们没有真正的“温度计”或“标准”的想法及情感。

如何使发明更经常出现

现在我们再看看新发明可能会在何时何地产生。麦吉尔大学的心理学教授凯文·邓巴，在4个先进的分子生物实验室里安置了摄像机，用来拍摄科学家们做什么。邓巴发现大多数重要的新科学发现，都诞生于讨论工作进度的实验室例会中，新发现很少会诞生于科学家独自工作之时。他发现群体互动会影响研究人员对自己工作的阐述，来自其他专业人士的信息输入，会为他们的研究提供新的内容或是联想类比。

邓巴的发现和哲学家唐纳德·T.坎贝尔的早期观察结果不谋而合。唐纳德声称一门学科的快速进步和革新，需要建设性的观点以及内部工作人员的“唇枪舌剑”，但过多的争论会带来自满和停滞，甚者它还可能导致傲慢。从另一方面来看，陷入人身攻击的争吵，会使得一切对话终止。

《好点子从哪来》提到了阿瑟·库斯勒的一项观察结果：很多创造性想法产生于不同学科之间的文化交叉，并且辨别了文化交叉的情况在何种环境下容易发生，答案是一个很有都市特色的场地：咖啡馆。原始版本的回答是20世纪20年代巴黎或纽约的咖啡馆，在那里，艺术家、作家、演员、建筑家和学者会聚一堂，举行各种会议、讨论和表演。

如何使创新持续下去

《发现》从另一个途径也得出了类似的观点，即记录最富创新能力的科学家，看他们有多少跨学科背景人脉网络，以及整个工作生涯中对此葆有的兴趣。《发现》还补充了一项观察报告，年过中年并具有持续创新能力的卓越科学家们，总是能持续地对不同行业产生影响，而不局限在某个领域。

《发现》和《好点子从哪来》都阐述了能激发和扼杀创造力的工作环境和诱因。《发现》指出很多学者、科学家和艺术家都察觉到，杀死创造力最确凿的方式就是，让潜在创造者的薪水依附于此。如果他们有自己的方法，这些最具创造力的人，会倾向于在某种程度上处于半就业状态，有足够的待遇过舒适的生活还有大把的闲散时间，能参与到自己喜欢的创造性活动中，因为他们不知道会发现什么也不知道如何去发现它。探索发现者和传统的权责驱动及风险厌恶机制并不协调，而这两者恰好包含了最大多数的用于研究创新的政府和私人基金，他们似乎主要根据以利润为导向的市场设置来运作。探索发现者也对典型企业所坚持的知识产权归属和政府机密问题感到不适，他们通常坚持和任何愿意倾听的人分享他们的观点。

创新发现的生成划分

《好点子从哪来》针对创新发现（从盲文的发明到线粒体的发现）发展出了一套特设的但有启发意义的分类。

	个人驱动	集体驱动
市场环境	例：公司中的专家	例：工业专家网络
非市场环境	例：政府机构中的专家	例：实验组机制的大学

在市场和非市场的理想创新网络之间，存在一种天然的张力

- 市场类型的创新需要保密，避免竞争，这限制了想法扩展
- 非市场网络共享想法，这就限制了任何网络从中获取的利益

这是一种2乘2式的划分，一组区分在于市场环境和非市场环境的，另一组划分则是创新过程由个人还是集体驱动。人数最少的填充象限是个体在一个市场驱动的环境中工作，人数最多的象限是一群人同时在内部和外部市场力量的推动下运作，后者的案例原型当然就是理想中的大学。然而很多现代

的大学都有陷入官僚监管的倾向，并且一些法人领导已经找到方法，如何在自己企业内部促进非市场网络型创新者的出现。

在市场和非市场的理想创新网络之间，存在一种天然的张力。市场类型的创新通常需要一些手段来保护新的想法，防止被竞争对手盗窃，否则市场环境中的创新者将无法从自己的创新中获得利润。然而，隔绝想法也会限制想法扩展，并失去额外创新及循环利用的机会。

非市场创新网络能够通过网络最大化传播想法，但任何个体或次级网络从中获取的优势，会受到范围限制。关于非市场型开放网络的丰富生产力，其迷人之处在于它看起来似乎缺乏利润动机。我们有大量证据表明大范围集中的官僚主义，对创新是有害的。

然而对这种失败通常的解释为，它们缺乏利润刺激，不能对非市场开放网络的成功做出解释，并且也没有任何尝试能挽救对利润动机做出的解释。比如，宣称开放网络创新者的“收益”，是从同僚中获得的尊重，从外在报酬的角度来说你的基础论文被引用几百次，和通过专利、知识产权所获取的数十亿美元相比，是一份非常没有价值的“报酬”。

自尊 VS 钱

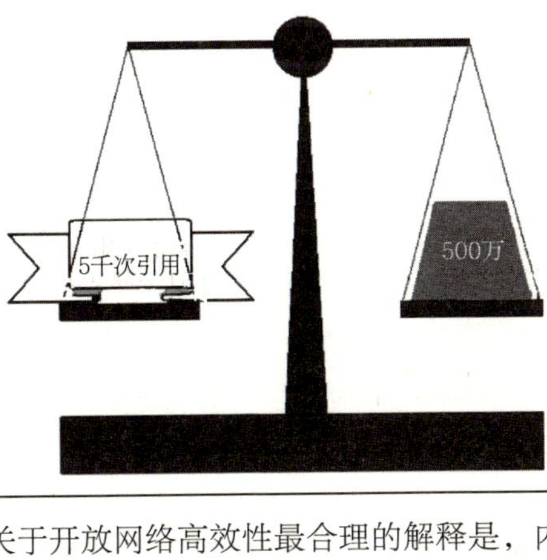

相反，关于开放网络高效性最合理的解释是，内在奖励至少对一部分

人而言是非常重要的，重要到他们非常愿意选择参与非市场类型的开放网络，而不是由市场驱动。甚至于，如果接受这些机会意味着需要牺牲他们发现的外在酬赏，他们也会愿意为了这些内在酬赏理智地做出牺牲，放弃外在酬赏。而这也正是众多艺术家、科学家、学者、音乐家和大学教师，被问到的那个古老问题的答案：“既然你这么聪明，为什么你赚不到足够多的钱呢？”

无知和复杂问题：改变

在这最后的一章中，我们来看看研究设计和行动策略的框架。框架思考能为我们提供一条针对复杂性问题的系统性路径，确保我们考虑到了所有关于复杂性的要素，遍历这个我已经阐述过的框架，同时也是我发展出的框架，也能让我们重新复习一遍这八章所讲的内容。基本框架就是这3个五边形。

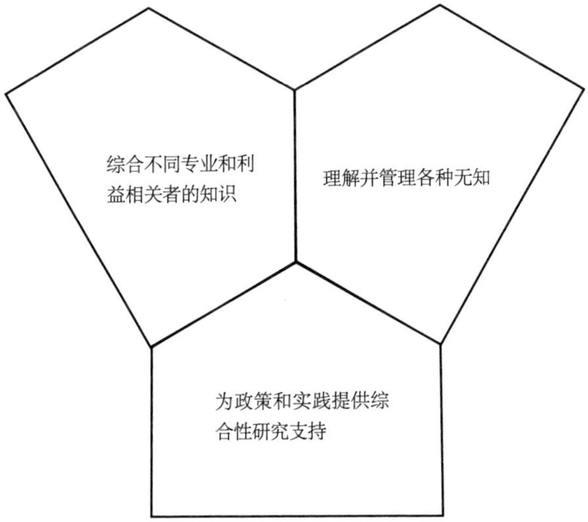

综合不同专业和利益相关者的知识，理解和管理多样化的未知，为政策和实践提供综合性研究支持。这重新强调了未知的重要性，不仅仅是把我们所知道的转变成政策和实践，还要把我们所不知道的纳入进来。关于这点，有五个问题——之所以是五边形，就是因为有五个重要的问题：

1.“为了什么和为了谁”，谁会从我们的研究中受益？

2.“我们想要做什么”，我们想要整合什么？

3.“我们怎么做这个研究”？

4.“背景因素是什么”？

5.“结果是什么”？我们怎么知道我们的处理是好的、成功的处理？

在这节中，我们主要考虑第二个问题和第三个问题。在此之前，我想回顾一下我们为了更好地理解无知，已经看过的三个话题，第一个是知识作为海洋中的岛屿的隐喻，无知就是大海，海岸线就是我们知道自己不知道的东西。第二个是这个矩阵，能让我们高效地思考未知，我们需要理解至少三种无知：我们意识到的未知、我们不知道自己不知道的未知、我们不知道自己知道的知识，也就是隐性知识，这些内容来自安·克尔温的工作，经过了迈克的修改，对于思考未知，这是一个非常有用的矩阵。

对无知的有效思考

已知的已知	已知的未知（意识到的无知）
未知的已知（隐性知识）	未知的无知（元未知）

另外一个用于思考无知的工具是，迈克的类型学，这是一种不同的无知

分类方式，它指出不同的学科其实是在关注这个类型学中的不同的区域。

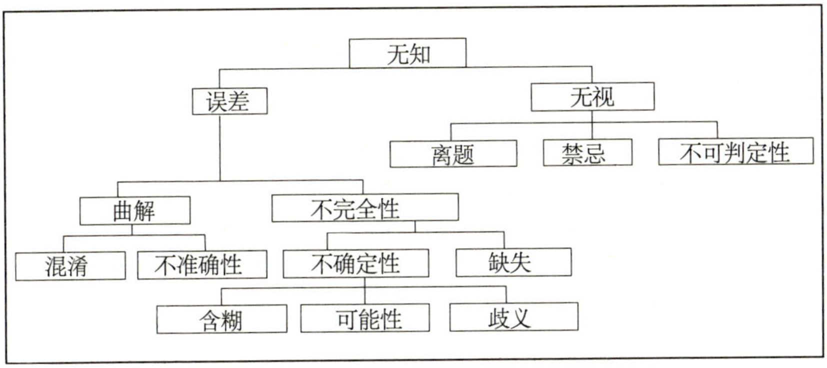

让我们回到那五个问题，我们花了很多时间来关注第二个问题，特别是范围调查、边界设定以及更一般地说，系统思维。考虑一下系统，考虑一下每件事物都联系在一起。在真实世界中，没有边界。而当我们在真实世界中处理什么问题时，我们需要为问题设置边界。想要这么做，我们就需要先审视这个问题，检查所有的可能性，区分哪些是重点，哪些不是，然后我们就能专注于重点了。设定边界也能帮我们确定什么是可以解决的问题，当我们面对真实世界的系统问题时，能进行范围调查并设定边界是非常重要的。

另一件我们考虑的事情，就是利用和处理差异性。我们把合作视为利用和处理差异的问题。在合作中，我们想要聚合那些好的差异性，这些差异性是人们进行合作的理由，甲有甲擅长的事，乙有乙擅长的事，这种差异正是大家进行合作的理由。我们希望能处理那些妨碍我们合作的差异性，这些差异性可能是性格上的差异，或者世界观的差异，甚至对科学研究的态度的差异。

我们关注的另一个问题是“如何”——我们如何应对未知，如何做出改变。为了应对未知，我们有迈克提到的六个策略：还原、排除、接受或容忍、探索或产生未知、放弃控制或向未知投降以及否认未知。这些策略可能是适应性的，也可能是非适应性的。我们还看到了如何应对变化，我们看到了研究者如何给决策者提供支持以及决策变化的情况。我们不仅看到了如何做出更好的决策，还看到了如何在想要改变什么时，与未知共舞，如何高效地共舞。

让我们回顾一下本书反复出现的主题——不完美的重要性。在复杂性问题中，不要期待完美的答案，因为我们不可能知道系统中的所有事情。价值观的冲突意味着不可能让所有人都满意，我们不可能理解问题的全部背景，我们永远都不能应对所有的无知。回到岛屿的比喻，我们知道得越多，我们所知道的未知也就越多。我们必须更好地理解那些必须做出的权衡，我们必须更好地理解政治家代表我们公民做出的权衡，并且评价这些权威。如此，我们就可以说："你知道，这是个不好的权衡，这不是社会的最佳利益。"或者说："是的，这虽然不完美，但已经足够好了，它会促使我们这个社会前进。"

我最后想回顾的一点，是针对简单问题的完善方法。我建议用这个雕塑来理解——提姆·斯佩尔曼制作的库拉的涟漪，在澳大利亚国立大学的校园里。我们不擅长应对不可解决的复杂性问题，这个照片中雕塑的两个部分形成了一种平衡，我们目前的研究还无法达到良好的平衡，我们必须要能同样好地应对复杂问题和不可解问题，而无知是其中不可忽视的一部分。

迈克和我希望你们会喜欢这些内容，并从中学到我们整合起来的东西。这是个激动人心的领域，这些已经完成的工作，那些有待更高效处理的未知，真是令人激动。对于你们中的一些研究者，我们希望这些知识成为你日常工作和生活的一部分。

致谢

这本书和它所基于的MOOC，如果没有许多人的慷慨支持和帮助，就不会实现，我们在此感谢他们。

首先，感谢众翻译者将我们的课程翻译成中文，并制作了中文词汇表。翻译者们联系了出版社和编辑，确保作者和编辑之间的相互理解，在本书的生产过程中，他们在若干节点上贡献了关键的翻译。

- 课程视频讲座字幕由EduInfinity Translation Group（教育无边界字幕组）翻译成中文。共有24名志愿者为翻译做出了贡献，这些翻译形成了这本书的基础。
- Susan Smithson校对，并在后期制作期间编辑视频字幕。
- 我们非常感谢我们课程测试员提供的建设性和有用的反馈。个人讲座由Stephen Chaffey、Yiyun Shou、Erin Walsh、Yevdokia Mashak、Luis Ordóñez、Jane Dixon、Timothy Dobbins、Eduardo Lopez和Bianca Vienni审阅。整个课程由Jen Badham、Rochelle Christian、Nicky Grigg、Christine Laurence和Dione Smith进行了测试。

· 澳大利亚国立大学副校长（学术）Marnie Hughes-Warrington教授为课程开发提供了资金。ANU&MOOC天文物理学联合制作人Paul Francis博士向我们提供了非常有用的指导和建议，帮助我们规避了许多首次开发MOOC可能陷入的陷阱。

· 在ANU SCAPA工作室的Jamie Kidston，Jack Fox和Edwina Wright制作了一贯的高品质视频。Type Transcripts的Sue Jacobs和工作人员提供了高质量文本记录。 Kimberley Brady为课程大纲创造了平面设计布局。

· Cathy Day帮助改进了我们的课程界面。我们的edX联系人Mark Rudnick帮助课程团队使用edX平台。

迈克·史密斯

译后记

本书的内容，主要来自于教育无边界字幕组下的《无知》组，为澳大利亚国立大学在edX上开设的一门MOOC课程“无知”（Ignorance）所免费制作的字幕。教育无边界字幕组（http://www.edu-infinity.org/）成立于2013年8月2日，是一个由网友自发组建的非营利性志愿者组织，主要为MOOC（大型开放式网络课程）视频翻译制作中文字幕。我们在将英、法、俄等外语课程翻译制作成中文字幕之后，除了方便全球各地的中文使用者对MOOC课程的学习之外，自己也从中收获了更多的知识。更让我们珍惜的，是字幕组成员彼此的友谊。

作为《无知》的组长，得知该课程的内容将出版成一本中文书时，我们感到很兴奋。要知道，连英文原版都还没有出成书，国内出版界的编辑们就独具慧眼地发现了本课程的价值。本书对无知这一鲜见主题的考察，采用了社会学、心理学、经济学、哲学等多学科的视角，迈克和加布里尔两位教授亦有几十年的研究和教学经验，课程可谓旁征博引，深入浅出。在学习这门课的过程中，我们几乎时刻都在享受知识带来的乐趣。当然，在翻译、校对并审阅他人的翻译以及催他人完成任务的过程中，就没那么享受了。

不过，拿到中文书的各位读者，可能不是所有人都像我们一样喜欢这本书。我们一位组长的个人学术兴趣就集中在分析哲学和认知心理学上，另一位组长也是沉迷学习无法自拔的神经科学专业女博士。我们俩的偏好函数可能偏离正态分布的均值至少三四个标准差。不过，这并不妨碍本书的价值，正如迈克教授在前言中提到的，无论你的职业或兴趣是在什么领域，你总是要和无知打交道的。而从多个学科的角度看待无知，能帮助你做出更优质的决策，给自己带来更多的效用。

本书的翻译基于二十几位字幕组成员间歇性努力了两年的成果。众包的工作形式降低了单个译者的工作量，却加大了作为统筹管理者的组长的管理成本。无知组的组长也在2年中有过变换。依据最终版本，作为组长的洛克（李万中）和千山（王思策），将为译本的质量承担最大的责任。字幕制作时，是不分段落，不加标点的。而在成书的过程中，我们还要将课程的PPT也翻译成中文，并将字幕加好标点，切好段落。虽然经历了翻译、校对、审阅三个流程，部分段落的最终质量依然差强人意，未能配得上原文所蕴含的知识的价值。这更多是我们的过错，如果我们更有耐心，翻译的水平更高一些，或许这本书的质量会更好一些。

大M和阿澈亦曾担任过组长，作为组员也领了不少任务。王子、玉竹、小满、B君、YY、爬爬夕（时任本课助教）、E君等组员们“忍受”了我们这么长的时间，真是非常感谢。

知识的生产与传播，从来都不是简单而又轻松的。无数人为之付出的点滴辛劳，都能让这个世界美好一点点。希望这本书能让更多的人知道关于无知的知识，让更多的人欣赏到无知之美。

教育无边界字幕组无知组组长　李万中　王思策

于北京海淀